中国农业出版社动物医学类专业"十四五"规划教材

SHOUYI WAIKEXUE SHIYAN ZHIDAO

兽医外科学实验指导

肖建华　主编

中国农业出版社

北　京

图书在版编目（CIP）数据

兽医外科学实验指导 / 肖建华主编 . —北京 ：中
国农业出版社，2023.9
中国农业出版社动物医学类专业"十四五"规划教材
ISBN 978-7-109-31144-2

Ⅰ.①兽… Ⅱ.①肖… Ⅲ.①兽医学－外科学－实验
－高等职业教育－教材 Ⅳ.①S857.1-33

中国国家版本馆 CIP 数据核字（2023）第 179385 号

中国农业出版社出版

地址：北京市朝阳区麦子店街 18 号楼
邮编：100125
责任编辑：王晓荣　　　文字编辑：刘飔雨　王晓荣
版式设计：王　晨　　责任校对：吴丽婷
印刷：中农印务有限公司
版次：2023 年 9 月第 1 版
印次：2023 年 9 月河北第 1 次印刷
发行：新华书店北京发行所
开本：787mm×1092mm　1/16
印张：13.5
字数：328 千字
定价：34.00 元

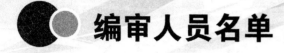

编审人员名单

主　　编　肖建华

编写人员（以姓氏笔画为序）

马玉忠（河北农业大学）

王　亨（扬州大学）

卢德章（西北农林科技大学）

刘东明（华中农业大学）

刘焕奇（青岛农业大学）

孙　娜（山西农业大学）

杜　山（内蒙古农业大学）

李　林（沈阳农业大学）

肖建华（东北农业大学）

张　华（北京农学院）

张士霞（河北农业大学）

张建涛（东北农业大学）

周振雷（南京农业大学）

郑家三（黑龙江八一农垦大学）

赵生财（广东海洋大学）

胡　魁（吉林农业大学）

胡崇伟（福建农林大学）

姜　胜（浙江农林大学）

高　翔（东北农业大学）

彭广能（四川农业大学）

主　　审　王洪斌（东北农业大学）

李宏全（山西农业大学）

前 言

　　兽医外科学是研究动物外科疾病的发生、发展、诊治和预防的一门科学，是高等院校动物医学专业主要专业课之一。兽医外科学实验是在学习兽医外科学基础理论的基础之上，通过动物模型，对常见的动物外科疾病开展临床诊疗的一门课程，也是国家规定动物医学专业本科生必修的一门课程。

　　兽医外科学是一门实践性十分强的课程，兽医外科学实验对外科学的学习和专业技能的培养十分重要。学习兽医外科学要求对其基本理论有深入了解，不但要掌握外科疾病的发生、发展、病理过程、转归规律，而且要对外科疾病做出正确的诊断，制订合理的治疗措施。为培养学生对外科病例进行合理治疗的基本能力与素质，除了要求学生在课堂上利用实验动物进行诊疗、处置等以练习外科基本功以外，还要人为制作疾病模型以模拟学生平时难以见到的疾病。对临床常见病和多发病，则要在临床兽医院寻找合适的病例，由教师带学生参加临床实践，以提高学生解决实际问题的能力。

　　兽医临床各学科间有密切联系和相互渗透的关系，如动物的肠梗阻、肠变位、肠结石及皱胃移位，在发病早期药物治疗阶段是内科疗法，当发展到晚期需要手术治疗，便需要外科疗法。外科临床实践中为了识别某一外科疾病和确定病性，必须与其他各临床学科疾病进行鉴别诊断，方能得出正确结论，孤立的外科学观点，缺乏多临床学科的广泛的基本理论、知识和实践技能，既不会学好兽医外科学，也不能成为能够预防、治疗动物疾病的临床兽医。学习掌握兽医外科学理论与实践技能，要求具备雄厚的专业基础知识，在学习兽医外科学实验之前要具备较好的专业理论基础，对解剖学、生理学、病理学、药理学、生物化学等各方面的知识都有较深入的认知。在此基础之上，开展外科手术治疗及术后的护理性治疗。

　　本实验指导就是为提高和加强学生对理论知识的理解与运用而特意编写的，在编写中主要以常发病与普通病为主。由于时间仓促且水平有限，不足和错误之处在所难免，恳请读者在使用的过程中提出宝贵意见，以便再版时修改。

编　者

2023 年 4 月

目 录

第二篇　兽医外科学相关诊疗技术

附　录

第一篇

兽医外科手术学相关操作

实验一

动物保定法

　　动物保定是指用人为的方法使动物易于接受诊断和治疗，保障人、动物安全所采取的保护性措施，其目的是方便诊疗工作的顺利进行。动物保定是兽医从业人员（特别是防疫人员）应具备的基本操作技能之一，其基本原则是安全、简单、确实。保定的方法有多种，可根据动物的种类、体型大小、性格和目的等选择不同的保定方法。

一、实验目的与要求

　　(1) 掌握大型动物保定的方法。
　　(2) 掌握中小型动物保定的方法。

二、实验所需器材及药品

　　绳索、鼻捻、耳夹、鼻钳、二柱栏、四柱栏、六柱栏、手术台、口笼、颈钳、颈枷、地西泮、氯丙嗪等。

三、实验动物

　　牛、马、羊、猪、犬、猫。

四、实验内容和方法

（一）大型动物保定方法

1. 马的保定

（1）马的头部保定：

　　鼻捻保定法：将鼻捻的绳套套入一手并夹于指间，另一手抓住笼头，持有绳套的手自鼻梁向下轻轻抚摸至马的上唇时，迅速有力地抓住上唇，此时另一只手离开笼头，将绳套套于唇上，并迅速向一方捻转把柄，直至拧紧（图1-1）。

　　耳夹保定法：先将一只手放于马耳后的颈侧，然后迅速抓住马耳，以持夹的另一只手迅速将夹放于耳根并用力夹紧，此后应一直握紧耳夹，避免因骚动、挣扎而使耳夹脱手甩出（图1-2）。也可用一只手抓住笼头，另一只手紧拧马耳做徒手保定。

图1-1　鼻捻保定　　　　　　　　　　　　　图1-2　耳夹保定

（2）马的四肢保定：

徒手提举保定：提举前肢时，保定者由马头逐步抚摸至前肢，面向马匹以一手抵鬐甲或肩部作为支点，另一手沿马前肢向下抚摸直达系部。以支点推动马躯体，使马重心移向对侧肢，另一手握住系部并提举，使关节屈曲。保定者内侧足向前跨半步，将马腕关节放于内侧膝上，双手固定系部（图1-3）。提举后肢时，保定者从马头开始抚摸至后肢，面向马匹以内侧手置于髋关节作为支点，另一手顺小腿向下抚摸，直达系部。作为支点的手用力推动躯体，使马重心外移，另一手用力将肢体向前牵拉，使各关节屈曲。保定者向前一步，将马的后肢托起，将球节放在保定者内侧膝上，双手固定系部（图1-4）。

图1-3　前肢提举保定　　　　　　　　　　　图1-4　后肢提举保定

单绳提举保定：提举前肢时，将绳的一端拴在系部，游离端绕过鬐甲，将前肢拉起并保持（图1-5）。后肢的提举与前肢类似，拴好系部的保定绳，游离端向前通过胸下两前肢之间伸至颈部，做环打结并固定（图1-6）。

图1-5　前肢单绳提举保定　　　　　　　　图1-6　后肢单绳提举保定

（3）柱栏内保定：

单柱栏保定：将缰绳系于立柱或树桩上，用颈绳或直接用缰绳绕其颈部后系结固定（图1-7）。此法简单实用，但是颈部固定的保定绳必须是活结，方便马匹异常骚动时迅速解开绳索。

二柱栏保定：保定时先用单柱栏保定法将马颈部固定在单柱上。然后用长9 m的绳围绕，将马围在两立柱间，然后用胸吊带与腹吊带分别将马的胸部和腹部吊于横梁上，吊带将马悬吊的高度以四肢能支持体重而不能卧下又不能跳跃为度（图1-8）。

四柱栏或六柱栏保定：保定时先将前带装好，然后将马经两后柱间牵入柱栏，立刻装上后带，以防马后退，然后装好鬐甲带，以防马向前跳出柱栏。为防止马卧下，应装好腹带（图1-9、图1-10）。诊疗工作完毕，先解除鬐甲带，再解除腹带和前带，即可将马牵出四柱栏或六柱栏。

图1-7　单柱栏保定　　　　　　　　　　图1-8　二柱栏保定

（4）倒马法：

双抽筋倒马：取一15 m长绳，双折后在中间做一双套结，形成一长一短两个绳套，每个套上穿一直径10 cm铁环。将绳套用木棒固定在马的颈基部，放于倒卧对侧。由两名

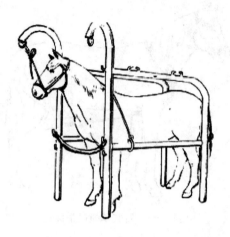

图 1-9 四柱栏保定

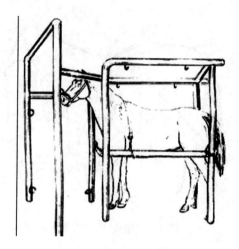

图 1-10 六柱栏保定

助手向后牵引，通过两前肢间和两后肢间，分别从两后肢跗关节上方，由内向外反折向前，与前绳做交叉，绳的游离端分别穿入前面放置的铁环，再反折向后拉紧。将跗关节的绳套移到后肢系部，助手向后牵引绳游离端。与此同时，另一助手向前牵马，在马运动的同时拉绳助手迅速收紧绳索，从而使马身体失去平衡而卧倒（图 1-11）。

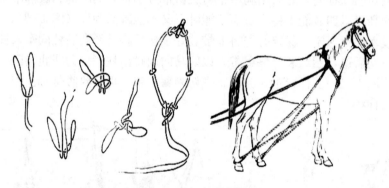

图 1-11 双抽筋倒马

足枷倒马：在马匹的四肢系部分别安装 4 个革制足枷，其中将附带链索和长绳的主足枷装在倒卧的对侧前肢。之后将主足枷链索游离端按照顺序穿过另 3 个足枷上的金属环，最后回到主足枷的环。倒马时强拉链索，使马的四肢集中于腹下，同时牵拉放置在前肢拉向鬐甲的背带，马匹会失去平衡而倒下。需要注意的是，此方法需要配备厚垫或厚褥草以防马匹摔伤（图 1-12）。

后肢转位：此方法建立在足枷倒马的基础上。马匹卧倒后，取长绳拴在后肢的系部，长绳的游离端斜向肩部，从鬐甲反转绕到颈下，再转到上侧的肘头水平位置并向后伸延，绕过胫骨远端向前。之后助手解开该肢足枷，收紧绳索，经蹄拉至肘部水平位置。用一绳套将蹄部固定，再在蹄与跗关节之间做多个 8 形缠绕，最后做一套将蹄部固定，绳的游离端由套内穿过拉向背侧，暴露腹股沟（图 1-13）。

手术台倒马：包括翻板式手术台和升降式手术台。翻板式手术台倒马时将手术台置于与地面垂直的位置，牵马立于台面前。用胸带和腹带将马与台面固定，再固定头和四肢，

图 1-12　足枷倒马

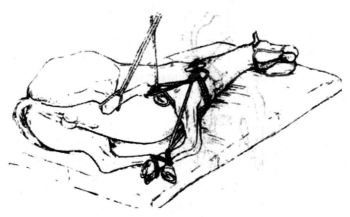

图 1-13　后肢转位

之后注射化学保定药物使马匹肌肉松弛，将台面变为水平位置，马匹即随着台面位置的变化而平躺在台面上。升降式手术台倒马时将手术台降至与地面水平的位置，注射麻醉药使马匹卧倒，之后将马匹拖至手术台面上，固定后将手术台面升高至方便操作的高度（图 1-14）。

图 1-14　手术台倒马

2. 牛的保定

（1）牛的头部保定：适用于一般检查、灌药、肌内注射及静脉注射。

徒手保定：先用一只手抓住牛角，然后拉提鼻绳、鼻环，或用一只手的拇指与食指和中指捏住牛的鼻中隔加以固定。

牛鼻钳保定：保定时，用鼻钳的 2 个钳嘴钳住 2 个鼻孔，并迅速夹紧鼻中隔，用一只手或用双手握持钳柄，加以固定，也可以用绳系紧钳柄进行固定（图 1-15）。

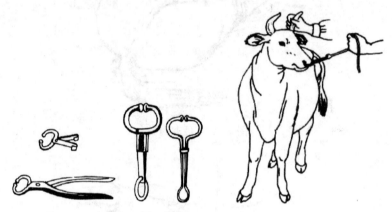

图 1-15　牛鼻钳保定

（2）牛的四肢保定：用于临床检查或治疗乳房疾病，也是实际生产中挤乳工人为了防止牛骚动不安而采用的保定方法。

前肢的提举和固定：将牛牵入栏柱，绳的一端绑在牛的前肢系部，游离端从前柱由外向内绕过保定的横梁，向前下兜住牛的掌部，收紧绳索，将前肢拉到前柱的外侧。再将绳的游离端绕过牛的掌部，与立柱一起绕两圈，可以将提起的前肢固定于前柱上（图 1-16A）。

后肢的提举和固定：将牛牵入栏柱，绳的一端绑在牛的后肢系部，游离端从后肢的外侧面，由外向内绕过横梁，再从后柱外侧兜住后肢跗部，用力收紧绳索，使跗背侧面靠近后柱，将跗部与后柱多缠绕几圈，则后肢可以固定于后柱上（图 1-16B）。

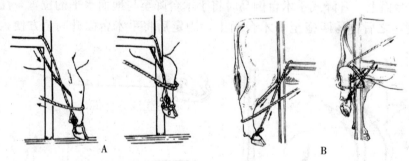

图 1-16　牛的四肢保定
A. 前肢的保定　B. 后肢的保定

（3）柱栏内保定：柱栏内保定适用于临床检查、各种注射及颈、腹、蹄等部位的疾病治疗操作。

单柱栏保定：也可以用自然树桩来代替单柱，保定时用一根长绳对折成双股，右手抓持两股绳尾端，绳的双股端绕牛颈部和单柱一周，然后左手抓住对折双股套端，手经双股套将右手中的一股绳拉入绳套，右手立即拉紧另一股绳，压紧被拉入的绳，然后左手再伸入折叠的绳套，拉右手中的另一股绳，进入折叠绳套，右手立即拉紧一根绳端，如此反复几次，牛颈部就被固定在单柱上了。

二柱栏保定：二柱栏有一根横梁与两根立柱连接。保定时，把牛牵到柱栏一侧，将鼻绳系在头侧的柱栏上或横梁前端的铁环上，用一根绳将牛颈部固定在前柱上，然后用长绳将牛围在两根立柱之间，再吊挂围绳、胸绳和腹绳加以固定，吊带将牛吊起的高度以四肢能支持体重而不能卧下和跳跃为度。

四柱栏及六柱栏保定：先将前带装好，然后将牛从两后柱间牵入柱栏，立刻装上后带，防止牛后退，接着装好鬐甲带，防止牛向前跳出柱栏，最后装上腹带。

（4）倒卧保定：倒卧保定主要适用于去势及外科手术操作。

背腰缠绕倒牛保定：在长绳的一端做 1 个比较大的活绳圈，套在牛的 2 个角根部，将绳沿非卧侧颈部外面和躯干上部向后牵引，在肩胛骨后角处环胸绕一圈做成第 1 个绳套，将绳继续向后引至臀部，再在乳房前方环腹一周，做成第 2 个绳套，向后牵拉绳的两个游离端，同时另一人把持牛角，使牛头向下倾斜，牛立即蜷腿而慢慢倒下，牛卧倒后将两前肢和两后肢分别捆绑，向前向后牵引和固定（图 1-17）。

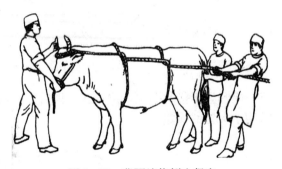

图 1-17　背腰缠绕倒牛保定

对昂贵的种公牛或者乳牛，为了防止用此方法对阴茎或者乳房、乳静脉的压迫和损伤，需要其他替代方法。取一长绳对折，将绳的中间部分横置于牛肩峰位置，两游离端向下通过两前腿间，在胸下交叉后返回背上再一次交叉，之后两游离端向下，在两后肢内侧和阴囊或乳房之间向后穿过。两绳保持平稳向后拉直至牛倒下。

拉提前肢倒牛保定：取一长绳，折成长、短两段，在转折处做一个套结，套在左前肢系部。然后将短绳一端经胸下至右侧，并绕过背部再返回左侧，由一人拉绳保定。另将长绳引至左髋结节前方并经腰部返回绕一周，打上半结，再引向后方，由两个人牵引。向前方牵引牛，在牛抬举左前肢的瞬间，三人同时用力拉紧绳索，牛随即先跪下而后倒卧，一人迅速固定牛头，另一人固定牛的后躯，第三个人迅速将缠在腰部的绳套向后拉，使绳套滑到两后肢的蹄部，并拉紧，最后将两后肢与左前肢捆扎在一起。

（二）中小型动物保定方法

1. 猪的保定

（1）倒提保定：保定者用两手紧握猪的两后肢胫部，用力提举，使猪的腹部向前，同时用两腿夹住背部，防止猪摆动。此方法适用于仔猪（图 1-18）。

（2）侧卧保定：一人抓住一后肢，另一人抓住双耳，使猪侧卧倒下，固定头部，根据需要，可以用绳捆绑以固定四肢。此方法适用于注射、去势等操作。

（3）仰卧保定：保定时，将猪放倒，使猪保持仰卧姿势，用绳捆绑以固定四肢。此方法适用于前腔静脉采血、灌药等操作（图1-19）。

图1-18　倒提保定

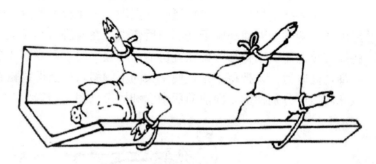

图1-19　仰卧保定

（4）口吻棒保定：将一绳套置于猪的上颌，位置在犬齿后方，拉紧后即可起到保定作用（图1-20）。此方法适用于大猪的保定。

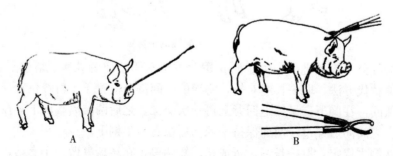

图1-20　口吻棒和保定钳保定

A. 口吻棒保定　B. 在口吻棒保定时，可先用保定钳夹住颈部

2. 羊的保定

一般检查时，两臂在羊的胸前及股后围抱即可固定；必要时，用手握住两角或两耳，使头部固定；也可用两膝夹住羊颈部或背部加以固定。

（1）站立保定：站立保定适用于临床检查或治疗，两手握住羊的双角，骑跨羊身，以大腿内侧夹持羊两侧胸壁。

（2）倒卧保定：倒卧保定适用于治疗和简单手术。保定者俯身从对侧一手抓住两前肢系部或抓一前肢臂部，另一手抓住腹肋部膝襞处，将羊扳倒，然后改抓两后肢系部，前后一起按住。

3. 犬的保定

（1）口笼保定或扎口保定：

口笼保定：即选择大小合适的口笼套在犬的嘴上，防止其咬人的保定方法，对长嘴犬可以使用口笼保定法。口笼通常是用皮革、尼龙等材料制成，质地柔软、有韧性，不会损伤犬面部皮肤。佩带时，选择大小合适的口笼套在犬的嘴上，将带子绕过耳后扣牢即可。目前市面有售的口笼大多适用于大型犬。

扎口保定：对体型较小的犬或短嘴犬通常采用扎口保定法，即用绷带或细绳对犬的嘴部进行捆扎固定，防止犬咬人的一种保定方法。可用一条 1 m 左右长度的绷带或细的软绳，在其中间绕两次，打一个活结圈套，套住嘴后，活结调整至下颌部位收紧，然后将绷带或细绳的游离端沿下颌拉向耳后，在颈背侧枕部收紧打结，这种方法保定确实可靠，被犬抓挠一般不易松脱（图 1-21）。另一种扎口法是先打开口腔，将活结圈套在下颌犬齿后方勒紧，再将两游离端从下颌绕过鼻背侧，打结即可。第二种方法适用于小型长嘴犬，对短嘴犬通常采用第一种方法进行扎口保定。

图 1-21　扎口保定

（2）站立保定：即令犬保持身体站立的体位，并采用牵引绳限制犬自由活动的一种保定方法。将犬置于保定台上，保定者靠近犬站好，接近犬后用友善的态度，轻柔的声调，不时呼唤犬的名字，消除犬的恐惧感，同时可用手轻抚犬的头部和背部，取得犬的信任，然后将牵引绳从犬的颈部和前肢部套过，固定于保定台的支架上，保持一定的紧张度，以犬不能趴卧为宜，不可将牵引绳直接套在颈部，防止挣扎时造成呼吸困难。在治疗的同时也要不断注意牵引绳的位置，并随时调整犬的姿势，防止对犬造成伤害，尽量保持犬直立的姿势，需要改变体位时要先将牵引绳松开，然后再调整体位，整个过程都要保持动作轻柔，不可使用暴力，防止犬对治疗产生恐惧心理。

性情温顺的犬可以采用站立保定法，为了严格保证操作者的人身安全，可在站立保定的同时实施口笼或扎口保定，尤其是对一些过于敏感的犬实施诊疗操作时。

（3）徒手侧卧保定法：即令犬保持身体横卧的体位，并用手限制犬的自由活动的一种保定方法。将犬用口笼或扎口法保定后，将犬置于保定台上按倒，保定者站在犬背侧，两手分别抓住其前后肢的前臂部和大腿部，保定者手臂压住犬颈部和臀部，并将犬背紧贴保定者腹前部。适用于中小型犬。

（4）保定台直立保定：即利用保定台与地面的高度差，令犬保持身体直立的体位，限制犬自由活动的一种保定方法，此法适用于小型观赏犬。可由保定者提起犬的两前肢，使其站立在保定台上，保持两后肢着地、两前肢搭在保定台上的姿势，面向保定者，这种方法简便易行。

（5）颈钳保定：此法主要用于凶猛或处于兴奋状态的犬，即用特制的颈钳限制犬自由活动的一种保定方法。颈钳由铁杆制成，包括钳柄和钳嘴两部分。通常钳柄长 90～100 cm，钳嘴为 20～25 cm 的半圆结构，钳嘴合拢时呈圆形。保定时，保定人员手持颈钳，张开钳嘴，将犬的颈部套入，合拢钳嘴后手持钳柄即可。该方法可将犬牢固保定。

（6）化学保定：化学保定又称药物保定，即应用一定的化学保定药物（麻醉药、镇静药），在不影响犬意识和感觉的情况下，使之安静、嗜睡和肌肉松弛，停止抗拒和挣扎，从而达到限制犬自由活动的目的的一种保定方法。

化学保定法较上述保定法安全、省力、省时，简便易行，也可减少犬的机体损伤和体力消耗，如果是特别凶悍的犬，可以采用这种方法。化学保定药属于中枢抑制药，常用的化学保定药有非吸入麻醉药、镇静药和镇痛药。

临床上常用的有舒泰、速眠新、地西泮、氯丙嗪等。

舒泰：是一种注射用麻醉剂，含有分离型麻醉剂成分替来他明和兼有镇定剂和肌肉松弛作用的唑拉西泮。药物具有诱导期短、副作用小、安全、耐药性良好、安全指数高等优点。舒泰给药前 15 min，每千克体重皮下注射 0.1 mg 硫酸阿托品；舒泰诱导剂为每千克体重 7～25 mg，肌内注射，或每千克体重 5～10 mg，静脉注射。补充注射量为第一次剂量的 1/3～1/2，最好静脉注射。麻醉持续时间为 20～60 min，麻醉前需禁食 12 h。

地西泮＋替来他明：地西泮每千克体重 1～2 mg 肌内注射，15 min 后再肌内注射替来他明，可获得 30 min 的平稳麻醉。

速眠新（846 合剂）：是静松灵（赛拉唑）、乙二胺四乙酸（EDTA）、盐酸二氢埃托啡和氟哌啶醇的复方制剂。使用剂量为每千克体重 0.1 mg，肌内注射。本药使用方便、成本低、麻醉效果良好，可用于犬的保定。个别耐药犬需要加大剂量。

氯丙嗪：吩噻嗪类代表，对犬用药后，明显减少其自发性活动，使动物安静嗜睡，加大剂量不引起麻醉，可减弱动物的攻击行为，使之驯服，但易于接近。但具有刺激性，静脉注射时宜稀释且缓慢进行；剂量过大时犬、猫等动物往往出现心律不齐，四肢与头部震颤，僵硬等不良反应。内服，犬每千克体重 2～3 mg；肌内注射和静脉注射，犬每千克体重 1～3 mg。

4. 猫的保定

（1）徒手保定：保定者应戴上厚革制长筒手套，保护自身安全。保定人员先缓慢接近猫，给猫以亲切无威胁的表示，轻轻拍其脑门或抚摸其背部，当猫的戒备心理下降时，可一只手抓住猫的颈背部皮肤，另一只手托住猫的腰荐部或臀部，使猫的大部分体重落在托臀部的手上，此种保定方法简单确实，能防止猫的抓咬。对小猫，只需抓住其颈部或背部的皮肤轻轻托起即可。对野性强的猫或新来就诊的猫，最好两个人相互配合，即一个人先抓住猫的颈背部皮肤，另一个人用双手分别抓住猫的前肢和后肢，以免抓伤人。

（2）扎口保定：尽管猫嘴短平，仍可用扎口保定方法。用绷带（或细的软绳）在其1/3 处打活结圈，套在嘴后颜面，于下颌间隙处收紧。其两游离端向后拉至耳后枕部打一个结，并将其中一长的游离绷带经额部引至鼻合侧穿过绷带圈，再返转至耳后与另一游离端收紧打结。

（3）保定筒保定：把猫放在对开的保定筒之间，合拢保定筒，使猫的躯干固定在保定筒内，其余部位均露在筒外。

（4）颈枷保定：颈枷又称伊丽莎白项圈，是一种防止自我损伤的保定装置，有圆形和圆筒形两种。可用硬质皮革或塑料制成特制的颈枷，也可根据猫的头形及颈的粗细，选用硬纸壳、塑料板、三合板或 X 线胶片自行制作。

（5）侧卧保定：温顺的猫可采用同犬一样的侧卧保定法，但猫体躯较短，此法难以使猫体伸展，对脾气暴躁的猫，保定者可一手抓住猫颈背部皮肤，另一手抓住两后肢，使其侧卧于保定台上，两手轻轻对应牵拉，使猫体伸展，可有效地制动猫。

（6）化学保定：猫的化学保定法与犬基本相同，只是猫对麻醉药比较敏感，对用机械保定法即可达到目的的猫最好不使用化学保定法，以免发生药物过敏反应，导致猫死亡。

舒泰：肌内注射，每千克体重 10～15 mg；或静脉注射，每千克体重 5～7.5 mg，可使猫产生麻醉。补充注射量为第一次剂量的 1/3～1/2，最好是静脉注射。麻醉持续时间为 20～60 min。麻醉给药前，皮下注射硫酸阿托品，每千克体重 0.05 mg。麻醉后注意给动物保温，防止热量失去过多，麻醉前需禁食 12 h。

氯丙嗪：内服用量每千克体重 2～3 mg，肌内注射和静脉注射用量每千克体重 1～3 mg。

五、注意事项

（1）保定前需了解动物的习性，掌握动物有无恶癖的情况。

（2）保定应在动物主人的协助下完成，不能对动物采用粗暴的操作方式。

（3）应采用粗细适宜且结实的绳索进行保定，并且所有绳结应为活结，以便在危急时刻可迅速解开。

（4）根据动物大小选择适宜的保定场地，要求地面平整，没有碎石、瓦砾等，以防动物损伤。

（5）适当限制参与保定的人数，切忌一哄而上，以防惊吓动物。

实验二

手术动物准备和消毒

动物的充分术前准备是手术成功的关键，临床上需要手术的动物多是患各种疾病的，可能存在失血、失液、电解质紊乱等现象，所以在做非紧急手术之前，应先对出现的各种异常症状进行针对性治疗，此外还应预估手术中可能出现的复杂情况并于手术前制订应对预案，这些都是术前准备的内容。

动物被毛可能粘有灰尘、泥土、粪便、草屑等，这些异物上附着的细菌可能会对手术创造成污染，甚至异物可能由于动物的骚动而直接落入手术的切口中，造成严重的感染，对动物的预后造成不良的影响甚至造成动物死亡。为了防止出现此类现象，在动物手术前应对术部进行处理，以达到提高手术成功率的目的。

一、实验目的与要求

（1）掌握动物手术前需要准备的事项。
（2）掌握动物手术前消毒的具体过程。

二、实验所需器材及药品

5％碘酊、70％乙醇、灭菌纱布、灭菌手术巾、剪毛剪、剃刀、聚乙烯酮碘、1∶1 000新洁尔灭溶液、0.05％洗必泰溶液、1∶1 000消毒净醇溶液、肥皂水、创巾钳等。

三、实验动物

牛、犬。

四、实验内容和方法

（一）手术动物准备

术前应充分了解动物具体的病患以及手术中可能发生的状况，并积极应对，采取主动措施，降低感染的风险，提高手术成功率。应首先对患病动物进行全面检查，检查后如果确定需要实施手术，则按流程进行术前准备。

（1）根据具体病情需要，给予术前治疗。

（2）为了尽量避免手术切口感染，应在手术前对畜体进行清洁、揩拭或洗刷。

（3）术前应对动物禁食。

（4）如果手术部位在后躯、臀部、肛门、外生殖器、会阴以及尾部，应在术前对患病动物进行导尿，以免手术过程中尿液污染术部。需要注意，术前禁止给患病动物灌肠，否则会导致手术过程中动物频频排便，反而更容易造成污染。有些易继发胃、肠臌气的疾病，可先内服制酵剂，或采取胃、肠减压措施。而有些病例，则需考虑膀胱穿刺。

（5）口腔、食管的疾病有时会导致大量分泌物的产生，可应用抗胆碱药。

（6）四肢末端或蹄部手术时，应充分冲洗局部，必要时施行局部的药浴。

（7）若预测手术中出血较多，可使用一些预防性止血药物。

（8）对破伤风发病率较高的一些农场或养殖场，手术动物术前应做破伤风的免疫注射。

（二）手术动物消毒

1. 术部除毛　动物被毛带有大量微生物，如果不进行相应的术前处理，极易在手术过程中污染术部导致感染。如果时间允许，可于术前一天将术部剃毛，以便有较为充裕的时间缓解因剃毛引起的皮肤刺激。紧急手术在手术当时剃毛。剃毛时用剪毛剪逆着被毛的生长方向剪短术部被毛，再用剃刀或手术刀顺着被毛生长方向剃净，剃毛时应小心，避免造成动物皮肤的微小创伤。术部剃毛的范围大动物要超出切口周围 20～25 cm，小动物可超出切口 5～10 cm。考虑到在手术实施过程中可能要扩大延长切口的情况，应将术部剃毛范围再扩大一些。剪毛、剃毛完毕，用清水洗净后用灭菌纱布拭干。

2. 术部消毒　兽医外科手术中常用 5％碘酊、2％碘酊（用于小动物）对术部皮肤进行消毒，之后用 70％乙醇进行脱碘。在涂擦碘酊或乙醇时要注意无菌操作，应由手术区的中心部向四周涂擦，如是已感染的创口，则应由较清洁处涂向患处。需要注意，已经接触污染部位的纱布，禁止返回清洁处涂擦。碘酊涂擦后，应稍待片刻，待其完全干后（即碘已经浸入皮肤和毛囊），再以 70％乙醇将碘酊擦去，以免碘酊污及手和器械，带入创内造成不必要的刺激（图 2-1）。

一些动物的皮肤对碘酊敏感，在涂碘酊后会导致其皮肤变厚而不利于手术操作，这种情况下可改用其他皮肤消毒药，如聚乙烯酮碘、1∶1 000 新洁尔灭溶液、0.05％洗必泰溶液、1∶1 000 消毒净醇溶液等涂擦术部。如术前使用肥皂清洁动物体表，需注意由于新洁尔灭中苯扎溴铵在水中解离成阳离子活性基团，而肥皂在水溶液中解离成阴离子活性基团，因此应将术部的肥皂清洗干净后再使用新洁尔灭溶液，以免影响其消毒效能。

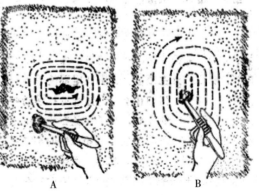

图 2-1　术部消毒法

A. 污染部位消毒　B. 清洁部位消毒

口腔、鼻腔、阴道、肛门等处黏膜可被碘酊灼伤，所以应避免在这些部位使用碘酊。应在治疗前先将黏液及污物等用清水冲洗干净后，再用1∶1 000的新洁尔灭、高锰酸钾、利凡诺溶液洗涤消毒。如果是眼结膜，应使用2%～4%硼酸溶液消毒。如果是蹄部手术，则应在手术前用2%煤酚皂温溶液进行浴蹄。

为避免术部在空气中暴露时间过久，应在术部完成消毒后尽快实施手术。如果某些原因导致术部消毒后不能马上实施手术而导致其暴露过久，则应在实施手术前再消毒1次。

3. 术前术部隔离　虽然动物术部进行了清洗、剃毛、消毒等程序，但由于惊恐、麻醉不确实导致的疼痛等原因导致动物在手术实施过程中出现挣扎等现象，会使灰尘等进入切口。所以，对术部进行隔离可以有效地提高手术成功率。

可使用大块有孔手术巾覆盖于术区，仅在中央露出切口部位，使术部与周围组织完全隔离。有些手术巾中央有预先做好的开口（不得有毛边），为了使巾上开口与手术切口大小适合，可预先将巾上开口从两端做若干结节缝合，手术时根据所需切口长度，临时剪开几个缝合结节。或者采用4块小手术巾依次围在切口周围，只露出切口部位。手术巾要足够大以便能够有效地遮蔽非手术区。并且手术巾需要用巾钳固定在动物体上，如果没有巾钳或者固定不牢靠也可缝合数针代替（图2-2）。

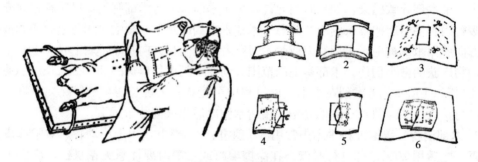

图 2-2　术部隔离

1. 术区前后铺盖创巾　2. 术区左右铺盖创巾　3. 巾钳固定创巾四角
4. 一侧创缘铺盖创巾并用3把巾钳固定　5. 翻转创巾　6. 固定另一侧创缘的创巾

棉布手术巾和纱布在潮湿或吸收创液后隔离作用减弱，最好在下面再加一层非吸湿性的手术巾。此外，在切开皮肤后，还要再用无菌巾沿着切口两侧覆盖皮肤。在切开空腔脏器前，应用纱布垫保护四周组织。在手术过程中如果手术隔离巾发生了污染需要及时更换。有的动物需保定在手术台上或捆缚四肢，因此对四肢，尤其是四肢末端，建议采用长塑料袋套住，袋口用橡皮筋收紧，必要时可用加长的塑料袋将整肢套住，以达到更好的隔离效果。

给在全身麻醉下的倒卧保定的动物施术时，手术创巾对手术区有很好的保护和隔离作用。一些大型动物如马、牛等由于自身特点需要在站立保定下实施手术，如瘤胃切开、剖宫产术等，由于手术时是站立体位导致手术巾在重力作用下下滑，或者动物的骚动使手术创巾反复移动而难以达到隔离目的，导致常用手术隔离术的应用不便，为此，可以使用特殊的固定方法（图2-3），也可以使用塑料、尼龙类、橡胶制品或者一次性自粘手术薄膜作为特制的大幅有洞创巾进行术部隔离。

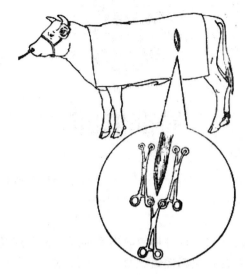

图 2-3　瘤胃创巾覆盖

五、注意事项

（1）应在动物手术前对术部进行有效的大范围清洗及剃毛，剃毛时应避免出现伤口。

（2）对不同的手术部位应用不同的消毒方法，在避免损伤机体的情况下有效消灭病原菌。

（3）在彻底消毒的基础上，对术部进行有效隔离。

实验三

局部麻醉

局部麻醉是利用某些药物有选择性地暂时阻断神经末梢、神经纤维以及神经干的冲动传导，从而使其分布或支配的相应局部组织暂时丧失痛觉。与全身麻醉相比，局部麻醉可保证大动物在站立的情况下完成较长时间的手术，避免长期躺卧给动物带来的危险。手术时采用局部麻醉，不需要兽医麻醉人员的帮助，节省人力。局部麻醉技术并不复杂，并且不需要昂贵、复杂的吸入麻醉设备。少量局麻药吸收后对心血管系统、呼吸系统及实质器官的毒害作用甚微，危重病例不会因麻醉而病情加重。能站立的动物，手术后即可自由行走，便于术后护理。

一、实验目的与要求

（1）掌握各种局部麻醉技术。
（2）综合运用局部麻醉技术。

二、实验所需器材及药品

普鲁卡因、利多卡因、卡波卡因、布比卡因、抗生素、注射用水、肾上腺素、生理盐水、葡萄糖、灭菌注射器、脊髓穿刺针、常规外科手术器械、剃毛和消毒用品等。

三、实验动物

牛、马、羊、犬、猫。

四、实验内容和方法

（一）局部麻醉技术操作要点

1. 表面麻醉　将局部麻醉药滴、涂布或喷洒于黏膜表面，利用麻醉药的渗透作用，使其透过黏膜而阻滞浅在的神经末梢产生麻醉效果。表面麻醉多用于眼结膜与角膜以及口、鼻、直肠、阴道黏膜的麻醉。做结膜与角膜麻醉时，可用0.5%丁卡因或2%利多卡因溶液。做口、鼻、直肠、阴道黏膜麻醉时，可用 1‰～2‰ 丁卡因或 2%～4% 利多卡因溶液。间隔 5 min 用药一次。

2. 局部浸润麻醉 将局部麻醉药沿手术切口皮下注射或深部分层注射，阻滞周围组织中的神经末梢而产生麻醉。

根据手术的需要，可选用直线浸润、菱形浸润、扇形浸润、基部浸润和分层浸润等方式（图 3-1）。常用 0.25%～1% 盐酸普鲁卡因溶液。

3. 传导麻醉 将局部麻醉药注射到神经干周围，使其所支配的区域失去痛觉而产生麻醉。该法可使少量麻醉药产生较大区域的麻醉。常用 2%～5% 盐酸普鲁卡因或 2% 盐酸利多卡因。

常用于马、牛的是腰旁神经传导麻醉。髂部有三条较主要的神经分布，即最后肋间神经、髂腹下神经和髂腹股沟神经。腰旁神经传导麻醉就是同时麻醉这三条神经（图 3-2）。

最后肋间神经是最后胸神经的腹侧支。外侧支沿最后肋骨后方向下外侧延伸，分出皮支穿于腹外斜肌，主干继续下行。内侧支在最后肋骨上部腹横肌外面与外侧支分开，走向后下方，止于腹直肌。

髂腹下神经是第一腰神经的腹侧支，经腰大肌背侧，向后下方延伸，在第二腰椎横突顶端的后角下方，分为内、外两支。外侧支下行成皮支，沿腹横肌外侧面向下方延伸，穿过腹内斜肌、腹外斜肌及皮肌，分布于腹侧壁和膝关节外侧的肌肉和皮肤。内侧支沿腹横肌外侧分布于腹横肌、腹直肌。

髂腹股沟神经是第二腰神经的腹侧支，也分内、外两支，在马内、外两支

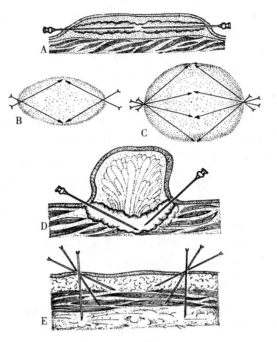

图 3-1 局部浸润麻醉
A. 直线浸润 B. 菱形浸润 C. 扇形浸润
D. 基部浸润 E. 分层浸润

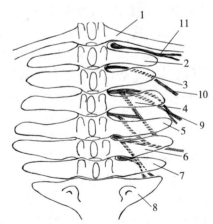

图 3-2 腰旁神经走向示意图
1. 最后肋骨 2. 第一腰椎横突 3. 第二腰椎横突
4. 第三腰椎横突 5. 第四腰椎横突 6. 第五腰椎横突
7. 第六腰椎横突 8. 荐骨 9. 髂腹股沟神经
10. 髂腹下神经 11. 最后肋间（肋腹）神经

均通过第三腰椎横突游离缘后角的皮下和游离缘下方 0.5 cm 处，然后通过第四腰椎横突游离缘前角的皮下和游离缘下方 0.5 cm。外支走向膝外侧的皮肤和髋结节下方的皮肤，内支走向后下方，分支到腹横肌、腹内斜肌，在腹股沟管内口附近与髂腹下神经、精索外

神经汇合，分布于外生殖器的皮肤和股部内侧的皮肤。

对这三条神经施行麻醉的方法如下。

（1）最后肋间神经：先用手触摸第一腰椎横突游离缘的前角，垂直皮肤刺入针头，深达腰椎横突游离端前角的骨面，再向前下方刺入 0.5～0.7 cm，注入 2％盐酸利多卡因溶液 10 mL 以麻醉深支（内侧支）。注射时应略向左右摆动针头，使药液扩散面增大。然后将针头退至皮下，再注射药液 10 mL 以麻醉该神经的背侧支（外侧支）。

（2）髂腹下神经：先用手触摸寻找第二腰椎横突游离端后角，垂直皮肤刺入针头，直达横突游离端后角骨面上，再向下刺入 0.5～1 cm，注射药液 10 mL。然后将针退至皮下再注射药液 10 mL 以麻醉该神经的背侧支（图 3-3）。

（3）髂腹股沟神经：马在第三腰椎横突游离端后角进针；牛在第四腰椎横突游离端前角进针，其操作方法及注射药量同髂腹下神经的操作过程。

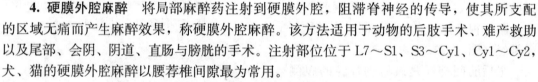

图 3-3　椎旁与腰旁神经阻滞刺入点
1. 棘突　2. 脊髓　3. 椎旁刺入点
4. 腰神经背侧支　5. 腰椎横突　6. 腰神经腹侧支
7. 腰旁刺入点　8. 阻滞背侧支的皮支

以上三条神经实施传导麻醉操作后，经 10～15 min 开始起效。

4. 硬膜外腔麻醉　将局部麻醉药注射到硬膜外腔，阻滞脊神经的传导，使其所支配的区域无痛而产生麻醉效果，称硬膜外腔麻醉。该方法适用于动物的后肢手术、难产救助以及尾部、会阴、阴道、直肠与膀胱的手术。注射部位位于 L7～S1、S3～Cy1、Cy1～Cy2，犬、猫的硬膜外腔麻醉以腰荐椎间隙最为常用。

（1）犬、猫硬膜外腔麻醉：使犬、猫伏卧于检查台上，两后肢向前伸曲并被一助手固定，腰背弓起。其注射点位于两侧髂骨翼内角横线与脊柱正中轴线的交点，在该处最后腰椎棘突顶和紧靠其后的相当于腰荐孔的凹陷部。穿刺部剪毛、消毒后，以大约 45°角向前方刺入套管针头，可感觉弓间韧带的阻力，至感觉阻力突然消失。证实刺入硬膜外腔后，抽出针芯，缓慢注入麻醉药液。常用 2％盐酸利多卡因、2％卡波卡因、0.5％布比卡因。按动物枕部至腰荐部的长度，每 10 cm 使用剂量为 0.3～0.5 mL，相当于每千克体重 0.15～0.2 mL。其有效麻醉时间为 60～180 min。犬、猫的最大剂量分别为 6 mL 和 1 mL。

（2）牛硬膜外腔麻醉：在牛站立的情况下，入针点一般在腰荐椎间隙处（图 3-4 中 2）。可用两条线确定其位置，第一条线是沿棘突的正中线，另一条线是两髂骨外结节的连线稍后方。用 10～14 cm 长带针芯的穿刺针垂直刺入皮肤后，徐徐推入穿刺针，在穿过棘上

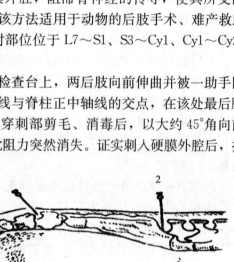

图 3-4　牛硬膜外腔麻醉刺入点
1. S3～Cy1 刺入点　2. L7～S1 刺入点

韧带和弓间韧带时，可感到突破阻力（在 8～11 cm 深度），即可确定已经进入硬膜外腔
（图 3-5A）。注入 3‰盐酸普鲁卡因溶液 30～50 mL。如果针在硬膜外腔，活塞上几乎感
觉不到任何压力。

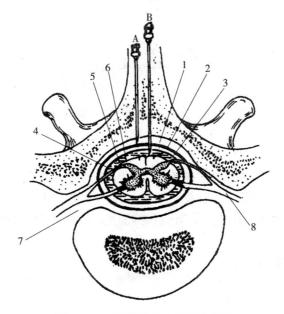

图 3-5　牛硬膜外腔麻醉刺入位置
A. 硬膜外腔　B. 蛛网膜下腔
1. 硬膜外腔　2. 脊硬膜　3. 硬膜下腔　4. 脊蛛网膜
5. 蛛网膜下腔　6. 脊软膜　7. 椎间孔　8. 脊神经

（二）综合运用局部麻醉技术

在外科手术操作过程中，小动物应用表面麻醉（喉部喷洒，为气管插管做准备）、浸
润麻醉或/和硬膜外腔麻醉（L7～S1）配合吸入麻醉，局部麻醉可有效降低吸入麻醉药物
的输出浓度；大动物应用局部浸润麻醉或/和硬膜外腔麻醉（S3～Cy1 或 Cy1～Cy2）配合
注射麻醉，可有效降低注射麻醉药物剂量，甚至可以不使用注射麻醉药物。

五、注意事项

（1）局部麻醉时应将动物进行妥善的物理保定，特别是大动物，以保障人和动物
安全。

（2）在局部浸润麻醉时注意勿将麻醉药直接注入血管，以免产生毒性反应。也可采用
低浓度麻醉药，逐层组织麻醉后切开，如此操作麻醉药液浓度低，且可随切口流出或被纱
布吸走，不易引起机体中毒。为减少药物的吸收和延长麻醉时间，可加入适量的肾上
腺素。

（3）脊髓麻醉时，需要对注射部位进行严格消毒，且在休克、脊柱肿块与骨折、脊髓
疾病、腰部感染性皮肤病时禁用该项麻醉技术。

全身麻醉

全身麻醉是利用某些药物对中枢神经系统产生广泛的抑制作用，从而暂时地使机体的意识、感觉、反射和肌肉张力部分或全部丧失的一种化学性保定方法。全身麻醉是一种可控制的、可逆的中枢神经系统的抑制过程，而这种抑制是通过全身麻醉剂的作用来实现的。

一、实验目的与要求

（1）掌握各种全身麻醉技术。
（2）掌握动物全麻的临床监测技术。
（3）根据动物品种、手术类型、动物机体状况合理选择适合的全麻技术。

二、实验所需器材及药品

重症监护仪、呼吸麻醉机、丙泊酚、犬眠宝、利多卡因、水合氯醛、右美托咪定、异氟醚、肾上腺素、尼可刹米、生理盐水、葡萄糖、常规外科手术器械、静脉留置针、灭菌注射器、静脉输液器、静脉输液泵、剃毛器械和消毒药品等。

三、实验动物

牛、马、羊、犬、猫。

四、实验内容和方法

（一）注射麻醉技术操作要点

1. 肌内注射麻醉　肌内注射麻醉是指将麻醉药经肌肉注入，通过机体的吸收作用于中枢神经系统，从而产生全身麻醉的方法。相较于静脉麻醉，肌内注射麻醉吸收慢，麻醉时间稍长。常用的麻醉药物有犬眠宝、速眠新、鹿眠宝等，术后可用特异的颉颃剂如犬醒宝、苏醒灵、鹿醒宝等。

常见犬颈部肌内注射犬眠宝（每千克体重 0.05～0.15 mL）或舒泰 50（每千克体重

0.1～0.2 mL）。

2. 静脉注射麻醉　将一种或几种药物经静脉注入，通过血液循环作用于中枢神经系统而产生全身麻醉的方法。静脉给药麻醉剂种类较多，按起效快慢，分为两种：快效类，用于麻醉诱导和维持麻醉，如异丙酚、艹类、咪唑类等；慢效类，用于催眠、镇静，也可用于诱导麻醉和维持麻醉，如阿片类、苯环己哌啶类等。静脉全麻药主要用于诱导麻醉，如用于维持麻醉，通常与其他药物配伍，以达到临床麻醉要求。

常见马颈静脉连续输注水合氯醛溶液（每 100 kg 体重 8 g）。

3. 静脉靶控输注（TCI）麻醉　TCI 是指在输注静脉麻醉药时，以药代动力学和药效动力学原理为基础，通过调节目标或靶位（血浆或效应室）的药物浓度来控制或维持适当的麻醉深度，以满足临床麻醉的一种静脉给药方法。该方法血流动力学反应小，麻醉维持平稳，术后清醒快。与其他给药方式相比，TCI 的优点在于安全、平稳、舒适。该方法用于镇痛优势明显，可满足快速获得所需血药浓度、快速改变镇痛所需血药浓度等需求。

臂头静脉靶控输注丙泊酚和右美托咪定，具体方法如下：输注前禁食 8 h，自由饮水，麻醉前称重。静脉连续输注右美托咪定每千克体重 0.02 μg/min，复合丙泊酚每千克体重 0.2 mg/min（图 4 - 1），连续输注 60 min。

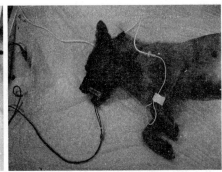

图 4 - 1　犬臂头静脉 TCI 丙泊酚和右美托咪定

静脉连续输注右美托咪定每千克体重 0.02 μg/min，复合丙泊酚每千克体重 0.2 mg/min，连续输注 60 min

（二）吸入麻醉技术

吸入性全身麻醉是指气态或挥发性液态的麻醉药物经呼吸道进入机体，在肺泡被吸收入血液循环，到达神经中枢，使中枢神经系统产生麻醉效应，简称吸入麻醉。吸入麻醉因其可控性良好且对机体的影响较小，被认为是一种安全的麻醉形式而受到青睐。吸入麻醉适用于各种大手术、疑难手术和危重病例的手术。常用的挥发性麻醉药有氟烷、安氟醚和异氟醚等。新型吸入麻醉剂七氟醚也开始在临床应用。

小动物吸入麻醉，可参考表 4 - 1 进行。

表 4 - 1　犬、猫吸入麻醉基本流程

	犬	猫
麻醉前用药	阿托品，每千克体重 0.03～0.05 mg；乙酰丙嗪，每千克体重 0.02～0.05mg（IM/SC）	阿托品，每千克体重 0.04 mg；乙酰丙嗪，每千克体重 0.02 mg（IM/SC）

（续）

	犬	猫
	放置静脉留置针	
麻醉诱导药（Ⅳ）	15 min后用异丙酚，每千克体重 5 mg；硫喷妥钠每千克体重 10 mg＋地西泮每千克体重 5 mg	15 min后注射地西泮，每千克体重 0.25 mg；异丙酚，每千克体重 5 mg
面罩/麻醉箱快速诱导	开始 3～5 min快速通 100％的氧气（3 L/min）＋异氟醚（3％～4％）/七氟醚（4％～5％）进入深麻醉状态	
	气管插管，连接麻醉呼吸机呼吸回路	
调节麻醉蒸发器	调节氧气的流量（每千克体重 10～30 mL/min）＋异氟醚/七氟醚 0.5％，接着以每 15～30 s 0.5％的速率提高浓度，直至动物进入平稳麻醉状态	
	连接监护仪，进行麻醉监测	

（三）麻醉监测技术

在麻醉前、中、后对动物生理、生化指标的监测，可以帮助兽医工作者掌握动物的状态及状态变化，及时采取应对措施，对提高麻醉质量，降低麻醉风险，提高手术成功率都具有重要意义。

1. 常规监测

（1）麻醉时期的监测：

诱导期：从注射复合麻醉剂到动物翻正反射消失。

麻醉期：从翻正反射消失到动物恢复翻正反射。

苏醒期：从翻正反射出现到动物可站立行走。

监测时间使用计时器记录。

（2）体温、呼吸及心率监测：

监测时间点：麻醉前以及注药后 5 min、10 min、20 min、30 min、40 min、50 min、60 min。根据手术时间，麻醉监测时间可延长。

体温（T）：用体温计测直肠温度。

呼吸频率（RR）：观察胸壁、腹壁起伏次数。

心率（HR）：听诊器置于胸壁心区，听诊心率。

有条件的手术室，可用麻醉监护仪直接监测呼吸频率和心率。

（3）生物反射活动监测：

动物麻醉后，观察注药后 5 min、10 min、20 min、30 min、40 min、50 min、60 min时的眼睑反射、角膜反射和肛门反射。

眼睑反射：用纱布折角刺激眼睑，出现躲闪、闭眼、眨眼等现象，记为"＋"；反应迟钝或减弱，记为"±"；未出现以上反应，记为"－"。

角膜反射：用纱布折角刺激角膜表面，出现明显眼球收缩、颤动、眨眼等现象，记为"＋"；反应迟钝或减弱，记为"±"；未出现以上反应，记为"－"。

肛门反射：用注射针头刺激肛门，表现为肛门明显收缩，记为"＋"；反应微弱，记为"±"；无收缩反应，记为"－"。

（4）麻醉效果监测：

按照表 4-2 的评分方法，对动物进行麻醉效果监测。麻醉效果总评分为镇静分数、镇痛分数、肌松分数之和。

表 4-2　麻醉效果评分表

监测项目	分数	评判标准
镇静	0	正常
	1	轻微镇静（俯卧，头动，眨眼）
	2	中等镇静（斜靠头低，适度眼睑反射，眼球内翻，对机械刺激有反应）
	3	深度镇静（斜靠头低，无眼睑反射，眼球完全内翻，对机械刺激无反应）
镇痛	0	钳夹趾间及腹部皮肤正常反应
	1	钳夹趾间及腹部皮肤反应减弱
	2	钳夹趾间及腹部皮肤反射微弱
	3	钳夹趾间及腹部皮肤无反应
肌松	0	打开上下颌正常抵抗，腿部腹部肌肉紧张
	1	下颌能够打开，但仍有抵抗，腿部腹部肌肉稍有紧张
	2	几乎对打开下颌没有抵抗，腿部腹部肌肉明显放松
	3	完全无反抗

2. 特殊监测

（1）脉搏血氧饱和度（pulse oxygen saturation，SP_{O_2}）：将脉搏血氧饱和度传感探头夹于动物耳郭基部进行监测。

（2）无创血压：将兽用便携式多参数监护仪连接于动物的左前肢近心端，记录动脉收缩压和舒张压。

$$平均动脉压（MAP）＝（收缩压＋2×舒张压）/3$$

（3）动脉血气分析：在各时间点用肝素锂采血针在动物的股动脉采血，并立刻通过电解质与血气分析仪测定。

3. 实验室监测

监测时间点：麻醉前、给药 30 min、苏醒后。

（1）血液生化：在各时间点，于动物的耳缘静脉采血 2 mL，在真空管内静置 30 min，用低速离心机 3 000 r/min 离心 10 min，分离出血清，于−70 ℃保存，用于生化监测。

（2）血常规：麻醉前后于动物的耳缘静脉采血，取 20 μL 全血加入稀释液，混匀后通过全自动血细胞分析仪进行血常规检测。

五、注意事项

（1）全麻时注意麻醉深度，麻醉过浅无法达到保定要求，可能威胁人和动物安全；麻醉过深则动物有危险。

（2）实验前做好充足准备，防止麻醉意外和并发症的发生，特别是在麻醉诱导期和苏醒期。

（3）麻醉操作应规范，防止麻醉药物（右美托咪定、异氟醚等）对实验人员的危害，同时也要保障动物苏醒期的人、动物及监护仪器的安全。

实验五

手术基本操作

在外科治疗中，手术疗法和非手术疗法是相互补充的，而手术是外科综合治疗中重要的手段和组成部分，手术基本操作技术又是手术过程中重要的一环。尽管兽医外科手术种类繁多，手术的范围以及复杂的程度也有很大的差别，但就手术操作本身来说，其基本技术，如组织分割、止血、打结、缝合等还是相同的，只是由于所涉及的解剖部位不同，病理变化不一，在处理方法上有所差异而已。因此，可以把外科手术基本操作理解为一切手术的共性和基础。在外科临床中，手术能否顺利地完成，在一定程度上取决于对理论和基本操作的熟悉和熟练程度。为此，在学习中要重视每一过程、每一步骤的操作，认真锻炼这方面的基本功，逐步做到操作时动作稳重、敏捷、准确、轻柔，这样才能缩短手术时间，提高手术治愈率，减少术后并发症的发生。

一、实验目的与要求

（1）掌握外科手术器械和敷料的使用方法及注意问题，熟练掌握徒手和器械打结法。
（2）熟练掌握外科手术操作的基本功——组织切开、止血、缝合。

二、实验所需器材及药品

手术刀、手术剪、手术镊、止血钳、持针钳、缝针、创巾钳、肠钳、牵开器、有沟探针等。

三、实验动物

牛、马、羊、犬。

四、实验内容和方法

（一）外科手术常用器械及其使用方法

一般手术器械可分为两类：一类是带轴节的器械，在尾部用力，轴节作为支点，器械的尖端至轴节形成重臂，柄环至轴节形成力臂，活动时形成夹力，如剪刀、持针器、止血钳等；另一类用力点在器械中间，工作点在前端，如手术刀、手术镊等。

1. 手术刀　常用的手术刀由刀柄和可装卸的刀片两部分组成，用时将刀片安装在刀柄上。刀柄根据长短及大小分型，一把刀柄可以安装几种不同型号的刀片。刀片的种类较多，根据刀刃的形状分为圆刀、弯刀、球头刀及三角刀；根据大小可分为大刀片和小刀片，常用型号为 19～24 号大刀片，9～17 号则属于小刀片。常用 4、6、8 号大刀柄安装19～24 号大刀片，3、5、7 号小刀柄安装 9～17 号小刀片（图 5-1）。手术刀主要用于切割组织，有时也用刀柄尾端钝性分离组织。

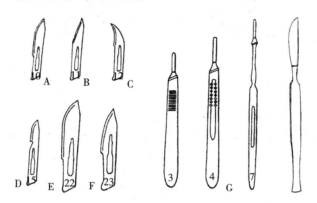

图 5-1　不同类型的手术刀片及刀柄

A. 10 号小圆刀　B. 11 号角形尖刀　C. 12 号弯形尖刀

D. 15 号小圆刀　E. 22 号大圆刀　F. 23 号圆形大尖刀　G. 刀柄

手术时根据实际需要，选择合适的刀柄和刀片。刀柄通常与刀片分开存放和消毒。刀片应用持针器夹持安装，切不可徒手操作，以防割伤手指。装载刀片时，用持针器或止血钳夹持刀片前端背部，使刀片的缺口对准刀柄前部的刀楞，稍用力向后拉动即可装上；取下时，用持针器持刀片尾端背部，稍用力提起刀片向前推即可卸下（图 5-2）。

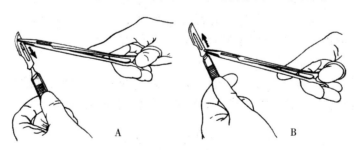

图 5-2　刀片的安装与卸下

A. 刀片的安装　B. 刀片的卸下

（1）执刀方式：正确使用手术刀的关键在于锻炼稳重而精确的动作，执刀的方法必须正确，动作的力量要适当。执刀的姿势和动作的力量根据不同的需要有以下几种（图 5-3）。

指压式（执弓式）：为常用的一种执刀法，动作范围广而灵活，用力涉及整个上肢，主要在腕部。以手指按刀背后 1/3 处，用腕与手指力量切割。适用于切开皮肤、腹膜及切断钳夹组织。

执笔式：如同执钢笔，用力轻柔，操作灵活准确，动作涉及腕部，力量主要在手指，可用小力量进行短距离精细操作，用于切割短小切口，分离血管、神经等。

全握式（抓持式）：全手握持刀柄，拇指与食指紧捏刀柄刻痕处，力量在手腕。用于范围广、用力较大的切开，如切开较长的皮肤切口、筋膜、慢性增生组织等。

反挑式（挑起式）：即刀刃由组织内向外挑开，以免损伤深部组织，如腹膜切开。操作时先刺入，动点在手指。

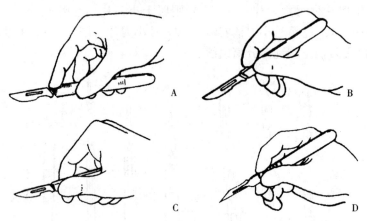

图 5-3 执手术刀的姿势
A. 指压式 B. 执笔式 C. 全握式 D. 反挑式

（2）手术刀的传递：传递手术刀时，传递者应握住刀柄与刀片衔接处的背部，将刀柄尾端送至术者的手里，不可将刀刃指着术者传递以免造成损伤（图 5-4）。

2. 手术剪 手术剪依据用途不同，分为组织剪和剪线剪两大类。组织剪的尖端较薄，剪刀要求锐利而精细。为了适应不同性质和部位的手术，组织剪分大、小、长、短、弯、直几种（图 5-5）。通常浅部手术操作用直组织剪，深部手术操作一般使用中号或长号弯组织剪。剪线剪头钝面直，刃较厚，在品质和形式上的要求不如组织剪严格，但也应足够锋利，这种剪有时也用于剪断较硬或较厚的组织（图 5-6）。

图 5-4 手术刀传递

（1）执剪姿势：正确的执剪姿势为拇指和无名指分别扣入剪刀柄的两环，中指放于无名指处的剪刀柄的前外方柄上，食指压在轴节处起稳定和导向作用（图 5-7）。

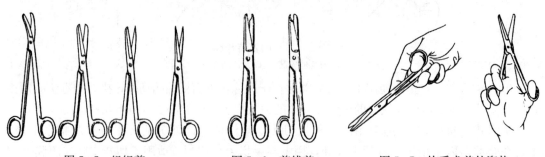

图 5-5 组织剪　　　　图 5-6 剪线剪　　　　图 5-7 执手术剪的姿势

（2）手术剪的传递：传递手术剪时，传递者应握住剪的锐利部，用适当的力量将剪刀柄尾端送至术者的手里；弯剪应将弯侧向上传递。

3. 手术镊 手术镊用于夹持、稳定或提起组织以便于分离、剪开及缝合，也可用来夹持缝针或敷料等。手术镊有不同的长度，镊的尖端分有齿及无齿（平镊），又有短型与长型、尖头与钝头之别，可按需要选择（图5-8）。

有齿镊：前端有齿，分为粗齿与细齿。粗齿镊用于提起皮肤、皮下组织、筋膜等坚韧组织，细齿镊用于肌腱缝合、整形等精细手术。有齿镊夹持牢固，但对组织有一定的损伤作用。

无齿镊：前端平，其尖端无钩齿，分尖头和平头两种，用于夹持组织、脏器及敷料。浅部操作时用短镊，深部操作时用长镊。无齿镊对组织的损伤较轻，用于脆弱组织、脏器的夹持。尖头平镊用于神经、血管等精细组织的夹持。

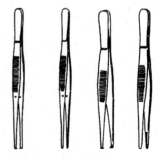

图5-8 各种类型的手术镊

正确的执镊姿势是拇指对食指与中指，把持两镊脚的中部，稳而适度地夹住组织（图5-9）。错误的执镊姿势既影响操作的灵活性，又不易控制夹持的力度大小（图5-10）。

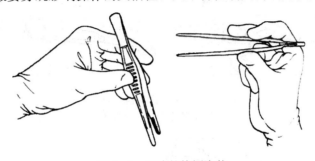

图5-9 正确的执镊姿势

图5-10 错误的执镊姿势

4. 止血钳 止血钳主要用于夹住出血部位的血管或出血点，故也称血管钳。此外，还可用于分离、解剖、夹持组织，也可用于牵引缝线、拔出缝针或代镊使用。代镊使用时不宜夹持皮肤、脏器及较脆弱的组织，切不可扣紧钳柄上的齿槽，以免损伤组织。临床上止血钳种类很多，其结构特点是前端平滑。止血钳一般有弯、直两种，并分大、中、小等型，所有的止血钳钳柄处均有扣锁钳的齿槽（图5-11）。

临床上常用的止血钳有以下几种。

蚊式止血钳：有弯、直两种，为细小精巧的止血钳，可做微细解剖或钳夹小血管；用于脏器、面部及整形等手术的止血，不宜用于大块组织的钳夹。

直止血钳：用于夹持皮下及浅层组织出血、协助拔针等。

弯止血钳：用于夹持深部组织或内脏血管出血，有长、中、短三种型号。

有齿止血钳：用于夹持较厚组织及易滑脱组织内的血管出血，如肠系膜、大网膜等，也可用于切除组织的夹持牵引，还可用于骨组织的止血。前端钩齿虽然可防止滑脱，但对组织的损伤较大，不能用作一般的止血。

（1）止血钳的使用方法：止血钳的正确执法基本同手术剪，有时还可采用掌握法（图5-12）。关闭止血钳时，两手动作相同，但在开放止血钳时，两手操作则不一致。用右手时，将拇指及第四指插入柄环捏紧使扣松开，再将拇指内旋即可；用左手时，拇指及食指持一柄环，中指、无名指顶住另一柄环，二者相对用力即可分开（图5-13）。

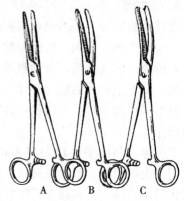

图5-11　各种类型止血钳
A. 直止血钳　B. 弯止血钳　C. 有齿止血钳

（2）止血钳的传递方法：术者掌心向上，拇指外展，其余四指并拢伸直，传递者握止血钳前端，以柄环端轻敲术者手掌，传递至术者手中（图5-14）。

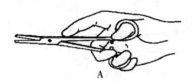

图5-12　止血钳的执钳方法
A. 一般的持钳方法　B. 掌握法持钳

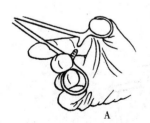
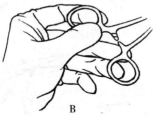

图5-13　松钳法
A. 右手　B. 左手

图5-14　止血钳的传递方法

5. 持针钳　持针钳也称持针器，主要用于夹持缝针来缝合组织，有时也用于器械打结，其基本结构与止血钳类似，前端齿槽床部短，柄长，钳叶内有交叉齿纹，使夹持缝针稳定，不易滑脱。持针钳通常有两种形式，即握式持针钳和钳式持针钳（图5-15），大动物手术常用握式持针钳，小动物手术常用钳式持针钳。

使用持针钳夹持缝针时，缝针应靠近持针钳的尖端，若夹在齿槽床中间，则易将针折断。一般应夹在缝针的针尾1/3处，缝线应重叠1/3，以便操作。

（1）持针钳的执握方法：

掌握法：也称"一把抓"或"满把握"，即用手掌

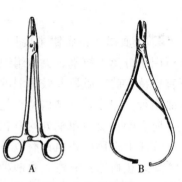

图5-15　持针钳
A. 钳式持针钳　B. 握式持针钳

握拿持针钳（图5-16）。钳环紧贴大鱼际，拇指、中指、无名指和小指分别压在钳柄上，后三指并拢起固定作用，食指压在持针钳前部近轴节处。利用拇指及大鱼际和掌指关节活动推展，张开持针钳柄环上的齿扣，松开齿扣即控制持针钳的张口大小来持针。合拢时，拇指及大鱼际与其余掌指部分对握即将扣锁住。此法缝合稳健，容易改变缝合针的方向，操作方便，可使缝合顺利进行。

指套法：用拇指、无名指套入钳环，以手指活动力量来控制持针钳的开闭，并控制其张开与合拢时的动作范围（图5-17）。用中指套入钳环的执钳法，因距支点远而稳定性差，故是错误的执法。

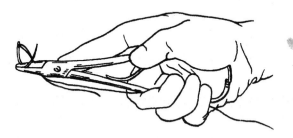

图5-16　掌握法执持针钳

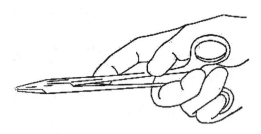

图5-17　指套法执持针钳

（2）持针钳的传递：传递者握住持针钳中部，将柄端传递给术者（图5-18）。在持针钳的传递和使用过程中切不可刺伤人员。

6. 缝合针　缝合针简称缝针，是用于各种组织缝合的器械，它由针尖、针体和针尾三部分组成（图5-19）。针尖形状分为圆锥形和三角形。三角形针分为传统弯缝合针（三角形针有锐利的刃缘，切缘刃沿针体凹面）和翻转弯缝合针（切缘刃沿针体凸面）。后者相比传统弯

图5-18　持针钳的传递

缝合针有两个优点，即对组织损伤较小，且针体强度更大（图5-20）。针尾的针眼是供引线所用的孔，分普通孔和弹机孔。目前无损伤缝针在兽医临床上使用较多，其针尾嵌有与针体粗细相似的线，这种针线对组织所造成的损伤较小，并可防止在缝合时缝针脱针。临床上根据针尖与针尾两点间有无弧度，将缝针分为直针、1/2弧形针、3/8弧形针和半弯针（图5-21）。

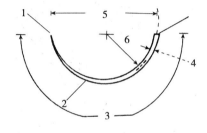

图5-19　缝合针的构造
1. 针尖　2. 针体　3. 针长
4. 针直径　5. 针弦长　6. 针半径

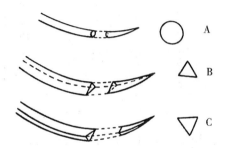

图5-20　缝合针针尖类型
A. 圆锥形缝合针　B. 传统弯缝合针
C. 翻转弯缝合针

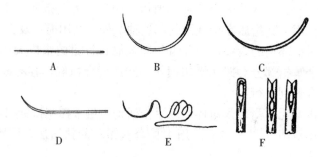

图 5 - 21 缝合针的种类
A. 直针　B. 1/2 弧形针　C. 3/8 弧形针　D. 半弯针
E. 无损伤缝针　F. 弹机孔针尾构造

直针：圆形直针用于胃肠、子宫、膀胱等缝合，用手指直接持针操作，此法动作快，操作空间大。

弯针：临床应用最广，适于狭小或深部组织的缝合。缝合部位越深，空间越小，针的弧度应越大。弯针需用持针器操作。

三角针：能穿透较坚硬的组织，用于缝合皮肤、韧带、软骨、筋膜及瘢痕等组织。

圆针：用于缝合一般的软组织，如胃肠壁、血管、筋膜、腹膜和神经等。

7. 牵开器　牵开器又称拉钩，用以牵开组织，显露手术野，便于探查和操作。根据需要有各种不同的类型，总体可以分为手持牵开器和固定牵开器两种。

手持牵开器由牵开片和机柄两部分组成，按手术部位和深度的需要，牵开片有不同的形状、长度和宽度。目前使用较多的手持牵开器，其牵开片为平滑钩状（图 5 - 22），对组织损伤较小。另有耙状牵开器，因容易损伤组织，现已不常使用。手持牵开器的优点是可随手术操作的需要灵活地改变牵引的部位、方向和力量；缺点是手术持续时间较久时，助手容易疲劳。

固定牵开器（图 5 - 23）也有不同类型，在牵开力量大、手术人员不足或显露不需要改变的手术区时使用。

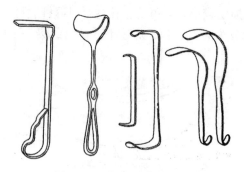

图 5 - 22　各种手持牵开器

图 5 - 23　固定牵开器

使用牵开器时，应掌握正确的持握方法和使用方法，牵开器下方应衬垫盐水纱布垫，特别是在使用腹腔牵开器时更应注意。敷料衬垫可以帮助显露手术野，保护周围器官及组织免受损伤。使用手持牵开器时，牵引动作应轻柔，避免用力过猛，根据术者的意图及手术进程及时调整牵开器的位置，以达到最佳显露（图 5 - 24）。

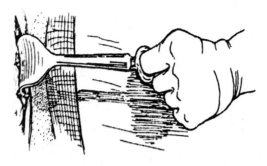

图 5-24 牵开器的使用

8. 巾钳 巾钳前端弯而尖，形似蟹钳，能交叉咬合，使用方法是连同手术巾一起夹住皮肤，防止手术巾移动，以及避免手或器械与术部接触（图 5-25）。

9. 组织钳 组织钳又称鼠齿钳或艾利斯钳，其前端稍宽，有一排细齿似小耙，闭合时相互嵌合，弹性好，对组织的挤压较止血钳轻，创伤小，一般用于夹持组织而不易滑脱，如皮瓣、筋膜或即将切除的组织，也用于钳夹纱布垫与皮下组织的固定（图 5-26）。

10. 肠钳 肠钳用于肠管手术，可用以暂时阻断肠内容物的移动、溢出或肠壁出血。肠钳有直、弯两种，齿槽薄，有弹性，轻夹时两钳叶间有一定的空隙，钳夹的损伤作用较大，使用时需外套乳胶管，以减少对组织的损伤（图 5-27）。

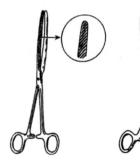

图 5-25 巾钳　　　　图 5-26 组织钳　　　　图 5-27 肠钳

（二）组织切开与分离

1. 皮肤切开

（1）皮肤切口选择：

①切口应选择在病变附近，能充分显露术野，直达手术区域，并便于必要时延长切口。

②皮肤切开时应尽量与该部位的血管和神经路径相平行，这样组织损伤小，也可避免损伤重要的血管和神经。

③切口应该有利于创液的排出，特别是脓汁的排出。

④二次手术时，应该避免在瘢痕上切开，因为瘢痕组织再生能力弱，易发生弥漫性出血。

⑤尽量使切开操作简单，经过的组织层次少，缝合切口所需时间短。

（2）皮肤切开基本要求：

①切口大小应以方便手术操作为原则，切口过大会造成不必要的组织损伤，切口过小会影响手术操作，延长手术时间。

②切开时用力要适当，手术刀刃须与皮肤垂直，防止斜切，以免缝合时不易完全对合。

③切开力求一次完成，避免在同一平面上多次切开。否则可造成切缘不整齐和过多损伤组织。电刀切割时，不可在一点上烧灼过久，以免灼伤。

④应按解剖学层次逐层切开，并保持切口从外到内大小一致。

（3）皮肤切开：

紧张切开：皮肤切开时，术者一手执刀，一手拇指和食指分开，固定并绷紧切口上下端两侧的皮肤；较大的切口，由术者和助手分别用手压在切口两旁或切口上、下将皮肤固定。手术刀的刀腹与皮肤垂直切入，之后以刀腹继续切开，达到预计切口终点时又将刀渐竖起呈垂直状态而终止。切开时要掌握用刀力量，力求一次切开全层皮肤，使切口呈线状，切口边缘平滑（图5-28）。

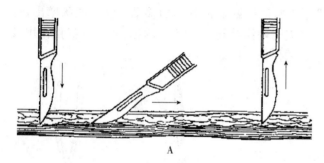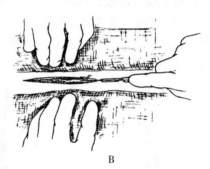

图5-28　皮肤的紧张切开法
A. 手术刀入刀和出刀方法　B. 紧张切开法

皱襞切开：在预定切口的下面有大血管、大神经和分泌管时，为不损伤下面组织，术者和助手在预定切口的两侧，用手指或镊子提起皮肤呈垂直皱襞，进行垂直切开（图5-29）。

2. 其他组织切开与分离　分离一般按照正常组织层次，沿解剖间隙进行，不仅容易操作，而且出血和损伤较少。对局部解剖熟悉，掌握血管、神经和较重要器官的走向和解剖关系，就能减少意外损伤。但是在有炎症性粘

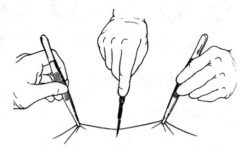

图5-29　皮肤的皱襞切开法

连、瘢痕组织以及大的肿物时，正常解剖关系已改变或正常组织间隙已不清楚，分离比较困难，要提高警惕，谨慎进行，防止损伤邻近的重要器官。按照手术需要进行分离，避免过多和不必要的分离，并力求不留残腔，以免渗血、渗液积存，甚至并发感染，影响组织愈合。

组织分离一般可分为锐性分离和钝性分离。锐性分离是用手术刀或手术剪在直视下做细致的切割与剪开。此法对组织损伤最小，愈合快，适用于精细的解剖和分离致密组织。

用手术刀分离时先将组织向两侧拉开使之紧张，再以刀刃沿组织间隙做垂直的、轻巧的、短距离的切开。用剪分离时先将剪刀尖端伸入组织间隙，不宜过深，然后张开剪柄分离组织，看清楚后再予以剪开（图5-30）。钝性分离是用止血钳、手术刀柄、剥离器或手指进行的。此法对组织损伤大，愈合慢，适用于疏松结缔组织、器官间隙、正常肌肉、肿瘤包膜等部位的

图5-30　用手术刀进行锐性分离

分离。钝性分离方法是将器械或手指插入组织间隙，用适当力量轻轻地逐步推开周围组织，但切忌粗暴，防止重要组织结构的损伤和撕裂（图5-31、图5-32），但对横行的血管要做横断切开（图5-33）。

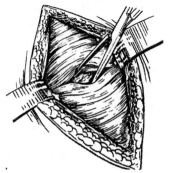
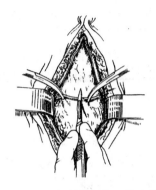

图5-31　钝性分离　　　　图5-32　肌肉的钝性分离　　图5-33　切断横行切口的血管

　（1）肌肉的分离：一般沿肌纤维方向做钝性分离。方法是顺肌纤维方向用刀柄、止血钳或手指剥离，扩大到所需要的长度，但在紧急情况下，或肌肉较厚并含有大量腱质时，为了使手术通路广阔和排液方便也可横断切开。横过切口的血管可用止血钳钳夹，或用细缝线从两端结扎后，从中间将血管切断。

　（2）腹膜的分离：腹膜切开时，为了避免伤及内脏，可用组织钳或止血钳提起腹膜做一小切口，利用食指和中指或有沟探针引导，再用手术刀或手术剪分割（图5-34）。

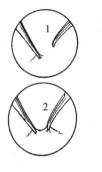

图5-34　腹膜切开法
（1～4为操作顺序）

（3）索状组织的分离：索状组织（如精索）的分离，除了可应用手术刀（剪）做锐性切割外，还可用刮断、拧断等方法，以减少出血。

（4）管腔切开：做胃、子宫和膀胱等管腔切开时，因管腔内可能存在污染物或感染性液体，须用纱布保护准备切开脏器或组织部位的四周，在拟做切口的两侧各缝一牵引线并保持张力，再逐层切开。肠管侧壁切开时，一般于肠管纵带上纵向切开，并应避免损伤对侧肠管（图 5-35）。

图 5-35　肠管的侧壁切开

（5）良性肿瘤、放线菌病灶、囊肿及内脏粘连部分的分离：宜用钝性分离。分离的方法：对未机化的粘连可用手指或刀柄直接剥离；对已机化的致密组织，可先用手术刀切一小口，再用钝性剥离。剥离时手的主要动作应为前后方向或略施加压力于一侧，使较疏松或粘连最小部分自行分离，然后将手指伸入组织间隙，再逐步深入。在深部非直视下，应少用或慎用手指左右大幅度的剥离动作，除非确认为疏松的纤维蛋白粘连，否则易导致组织及脏器的严重撕裂或大出血。对某些不易钝性分离的组织，可将钝性分离与锐性分离结合使用，一般是用弯剪伸入组织间隙，用推剪法，即将剪尖微张，轻轻向前推进，进行剥离。

（6）骨组织的分割：首先分离骨膜，然后再分离骨组织。分离骨膜时，应尽可能完整地保存健康部分，以利于骨组织愈合。因为骨膜内层的成纤维细胞在损伤或病理情况下，可转化为骨细胞参与骨骼的修复过程。

分离骨膜时，先用手术刀切开骨膜（切成"十"字形或 T 形），然后用骨膜分离器分离骨膜。骨组织的分离一般是用骨剪剪断或骨锯锯断，当锯（剪）断骨组织时，不应损伤骨膜，为了防止骨的断端损伤软组织，应使用骨锉锉平锐缘，并清除骨片，以免遗留在手术创内引起不良反应和愈合障碍。

（7）蹄和角质的分离：蹄和角质的分离属于硬组织的分离。对蹄角质可用蹄刀、蹄刮挖除，浸软的蹄壁可用手术刀切开，闭合蹄壁上的裂口可用骨钻、镉钳和镉。截断牛、羊角时可用骨锯或断角器。

3. 止血　止血是手术过程中经常遇到且必须立即处理的基本操作技术。手术中完善的止血，既能减少失血量，保持手术野清晰，还可避免术后出血与继发感染。因此要求手术中的止血必须迅速而可靠，并在手术前采取积极有效的预防性止血措施，以减少手术中的出血。

（1）局部预防性止血：

肾上腺素止血：应用肾上腺素做局部预防性止血常配合局部麻醉进行。一般在每 1 000 mL 普鲁卡因溶液中加入 0.1‰肾上腺素溶液 2 mL，利用肾上腺素收缩血管的作用，达到减少手术局部出血的目的，其作用可维持 20 min 至 2 h。但手术局部有炎症病灶时，因其较强的酸性环境，可减弱肾上腺素的作用。此外，在肾上腺素作用消失后，小动脉管扩张，如若血管内血栓形成不牢固，可能发生二次出血。

止血带止血：适用于四肢、阴茎和尾部手术。可暂时阻断血流，减少手术中的失血。

有利于手术操作。用橡皮管止血带或其替代品如绳索、绷带时，局部应垫以纱布或手术巾，以防损伤软组织、血管及神经（图 5-36）。

图 5-36　止血带的应用

橡皮管止血带的装置方法是用足够的压力（以止血带远侧端的脉搏将消失为度），于手术部位上 1/3 处缠绕数周固定，其保留时间不得超过 2～3 h，冬季不超过 40～60 min，在此时间内如手术尚未完成，可将止血带临时松开 10～30 s，然后重新缠扎。松开止血带时，宜用多次"松、紧、松、紧"的办法，严禁一次松开。

（2）手术过程中止血：

压迫止血：用纱布或泡沫塑料压迫出血的部位，以清除术部的血液，应辨清组织和出血径路及出血点，以便进行止血操作。在毛细血管渗血和小血管出血时，如机体凝血机能正常，压迫片刻，出血即可自行停止。为了提高压迫止血的效果，可选用温生理盐水、1%～2%麻黄碱、0.1%肾上腺素、2%氯化钙溶液浸湿纱布块后扭干用于压迫止血。在止血时，必须是按压，不可擦拭，以免损伤组织或使血栓脱落。

钳夹止血：利用止血钳最前端夹住血管的断端，钳夹方向应尽量与血管垂直，钳住的组织要少，切不可做大面积钳夹。

钳夹扭转止血：用止血钳夹住血管断端，扭转止血钳 1～2 周，轻轻去钳，则断端闭合止血，如经钳夹扭转不能止血时，则应予以结扎，此法适用于小血管出血。

钳夹结扎止血：是常用而可靠的基本止血法，多用于明显和较大血管出血的止血，其方法有两种。其一是单纯结扎止血，即用丝线绕过止血钳所夹住的血管及少量组织而结扎（图 5-37）。在结扎结扣的同时，由助手放开止血钳，于结扣收紧时，即可完全放松，过早放松，血管可能脱出，过晚放松则结扎住钳头不能收紧。结扎时所用的力量也应大小适中。结扎止血法适用于一般部位的止血。另一种方法是贯穿结扎止血，即将结扎线用缝针穿过所钳夹组织（勿穿透血管）后进行结扎。常用的方法有 8 形缝合结扎及单端贯穿结扎两种（图 5-38）。其中单端贯穿结扎止血的优点是结扎线不易脱落，适用于大血管或重要部位的止血。在不易用止血钳夹住的出血点，不可用单纯结扎止血，而宜采用贯穿结扎止血的方法。

创内留钳止血：用止血钳夹住创伤深部血管断端，并将止血钳留在创伤内 24～48 h，为了防止止血钳移动，可用绷带固定止血钳的柄环部并拴在动物的体躯上。创内留钳止血法多用于大动物去势后继发精索内动脉大出血。

填塞止血：在深部大血管出血，一时找不到血管断端，钳夹或结扎止血困难时，用灭菌纱布紧塞于出血的创腔或解剖腔，压迫血管断端以达到止血的目的。在填入纱布时，必

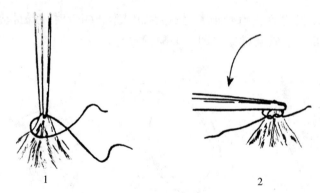

图 5 - 37　单纯性结扎止血法

（1～2 为操作顺序）

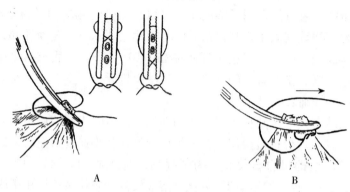

图 5 - 38　贯穿结扎止血法

A. 8 形缝合结扎法　B. 单端贯穿结扎法

须将创腔填满，以便有足够的压力压迫血管断端。填塞止血留置的敷料通常在 12～48 h 后取出。

麻黄碱、肾上腺素止血：用 1%～2% 麻黄碱溶液或 0.1% 肾上腺素溶液浸湿的纱布进行压迫止血。临床上也常用上述药品浸湿系有棉线绳的棉包做鼻出血、拔牙后齿槽出血的填塞止血，待止血后拉出棉包。

明胶海绵止血：明胶海绵止血多用于一般方法难以止血的创面、实质器官、骨粉质及海绵质出血。使用时将止血海绵铺在出血面上或填塞在出血的伤口内，即能达到止血的目的。如果在填塞后加以组织缝合，更能发挥优良的止血效果。明胶海绵的种类很多，如纤维蛋白海绵、氧化再生纤维素、白明胶海绵及淀粉海绵等。它们止血的基本原理是促进血液凝固和提供凝血时所需要的支架结构。明胶海绵能被组织吸收并使受伤血管日后保持贯通。

活组织填塞止血：是用自体组织如网膜，填塞于出血部位。通常用于实质器官的止血，如肝损伤用网膜填塞止血，或用取自腹部切口的带蒂腹膜、筋膜和肌肉瓣，牢固地缝在损伤的肝上。

骨蜡止血：外科临床上常用市售骨蜡制止骨质渗血，用于骨的手术和断角术。

4. 缝合　缝合是使切开或离断的组织创缘相互对合，消灭死腔，促进伤口早期愈合的操作，另外还可以起到止血、重建器官结构或整形的作用。因此，学习缝合的基本知识，掌握缝合的基本操作技术，是外科手术重要环节。缝合的目的在于将因手术或外伤性损伤而分离的组织或器官置于安静的环境，给组织的再生和愈合创造良好条件；保护无菌创免受感染；加速肉芽创的愈合；促进止血和创面对合以防裂开。

（1）缝合的基本要求：

①严格遵守无菌操作。

②缝合前必须彻底止血，清除凝血块、异物及无生机的组织。

③为了使创缘均匀接近，在两针孔之间要有相当距离，以防拉穿组织。

④缝针刺入和穿出部位应彼此相对，针距相等，否则易使创伤形成皱襞和裂隙。

⑤凡无菌手术创或非污染的新鲜创经外科常规处理后，可做对合密闭缝合。具有化脓腐败过程以及具有深创囊的创伤可不缝合，必要时做部分缝合。

⑥在组织缝合时，一般是同层组织相缝合，除非特殊需要，不允许把不同类的组织缝合在一起。缝合、打结应有利于创伤愈合，如打结时既要适当收紧，又要防止拉穿组织，缝合时不宜过紧，否则将造成组织缺血。

⑦创缘、创壁应互相均匀对合，皮肤创缘不得内翻，创伤深部不应留有死腔、积血和积液。在条件允许时，可做多层缝合。正确与不正确的缝合见图5-39。

⑧缝合的创伤，若在手术后出现感染症状。应迅速拆除部分缝线，以便排出创液。

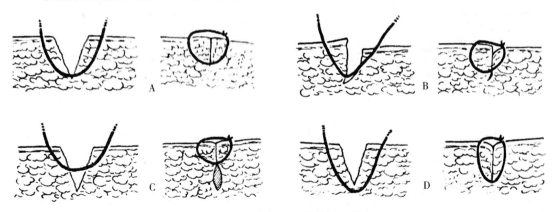

图 5-39　正确与不正确的切口缝合

A. 正确的缝合　B. 两皮肤创缘不在同一平面，边缘错位　C. 缝合太浅，形成死腔　D. 缝合太紧，皮肤内陷

（2）各种软组织的缝合：软组织缝合模式分为对接缝合、内翻缝合和张力缝合。

①对接缝合：

单纯间断缝合：也称为结节缝合。缝合时，将缝针引入15～25 cm缝线，于创缘一侧垂直刺入，于对侧相应的部位穿出打结。每缝一针打一次结（图5-40）。缝合要求创缘密切对合。缝线距创缘的距离根据缝合组织的厚度来决定，小动物3～5 mm，大动物0.8～1.2 cm。缝线间距要根据创缘张力来决定，使创缘彼此对合，一般间距0.5～1.5 cm。打结在切口一侧，防止压迫切口。用于皮肤、皮下组织、筋膜、黏膜、血管、神经、胃肠道的缝合。

单纯连续缝合：是用一条长的缝线自始至终连续地缝合一个创口，最后打结。第一针和打结操作同结节缝合，以后每缝一针，对合创缘，避免创口形成皱襞，使用同一缝线以等距离缝合，拉紧缝线，最后留下线尾，在一侧打结（图5-41）。常用于具有弹性、无太大张力的较长创口。用于皮肤、皮下组织、筋膜、血管、胃肠道的缝合。

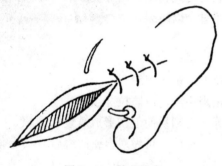

图 5 - 40　结节缝合

图 5 - 41　单纯连续缝合

表皮下缝合：适用于小动物表皮下缝合。缝合在切口一端开始，缝针刺入真皮下，再翻转缝针刺入另一侧真皮，在组织深处打结（图 5 - 42）；应用连续水平褥式缝合平行切口；最后缝针翻转刺向对侧真皮下打结，埋置在深部组织内。一般选择可吸收性缝合材料。

 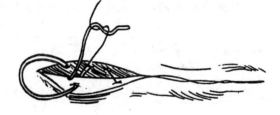

图 5 - 42　表皮下缝合

压挤缝合：压挤缝合用于肠管吻合的单层间断缝合。在进行犬、猫肠管吻合时，该法是很好的吻合缝合法，也用于大动物的肠管吻合。缝针刺入浆膜、肌层、黏膜下层和黏膜层进入肠腔。在越过切口前，从肠腔再刺入黏膜到黏膜下层。越过切口前，转向对侧，从黏膜下层刺入黏膜层进入肠腔。在同侧从黏膜层、黏膜下层、肌层到浆膜刺出肠表面（图 5 - 43）。两端缝线拉紧、打结。这种缝合可使浆膜、肌层相对接同时黏膜、黏膜下层内翻，肠管本身组织相互压挤，使肠管密切对接，既可以很好地防止液体泄漏，又保持正常的肠腔容积。

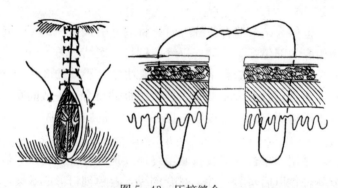

图 5 - 43　压挤缝合

"十"字缝合：也称 8 形缝合，第一针开始，缝针从一侧到另一侧做结节缝合，第二针平行第一针从一侧到另一侧穿过切口，缝线的两端在切口上交叉形成"十"字形，拉紧打结（图5-44）。用于张力较大的皮肤缝合。

连续锁边缝合：这种缝合方法与单纯连续缝合基本相似，在缝合时每次将缝线交锁（图5-45）。此种缝合能使创缘对合良好，并使每一针缝线在进行下一次缝合前就得以固定。多用于皮肤直线形切口及薄而活动性较大部位的缝合。

图5-44 "十"字缝合

图5-45 连续锁边缝合

②内翻缝合：常用于胃、肠、子宫、膀胱等空腔器官的缝合或吻合。其优点是缝合后创缘两侧呈内翻状态，浆膜层紧密对合，有利于伤口粘连愈合；愈合后伤口表面光滑又减少了伤口与其邻近组织器官的粘连。内翻缝合防止了因黏膜外翻所致的伤口不愈合或胃肠液、尿液外漏，但是，内翻过度有可能引起管腔狭窄。

伦勃特缝合：伦勃特缝合是胃肠手术的传统缝合方法，又称垂直褥式内翻缝合。在胃或肠吻合时，用以缝合浆膜肌层。分为间断与连续两种，常用的为间断伦勃特缝合。该缝合法的具体操作是缝线分别穿过切口两侧浆膜及肌层即行打结，使部分浆膜内翻对合，用于胃肠道的外层缝合（图5-46）。连续伦勃特缝合是于切口一端开始，先做一浆膜肌层间断内翻缝合，再用同一缝线做浆膜肌层连续缝合至切口另一端（图5-47）。其用途与间断内翻缝合相同。

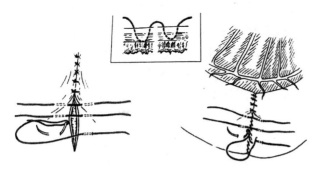

图5-46 间断伦勃特缝合

图5-47 连续伦勃特缝合

库兴缝合：又称连续水平褥式内翻缝合，这种缝合是从伦勃特连续缝合演变来的。缝合方法是于切口一端开始先做一浆膜肌层间断内翻缝合，再用同一缝线平行于切口做浆膜肌层连续缝合至切口另一端（图5-48）。适用于胃、子宫浆膜肌层缝合。

康乃尔缝合：这种缝合与连续水平褥式内翻缝合相同，区别仅在缝合时缝针要贯穿全层组织，当将缝线拉紧时，则肠管切面即翻向肠腔（图5-49）。多用于胃、肠、子宫壁缝合。

荷包缝合：即做环状的浆膜肌层连续缝合。主要用于胃、肠壁上小范围的内翻缝合，如缝合小的胃、肠穿孔。此外，还用于胃、肠、膀胱等引流固定的缝合方法（图5-50）。

③张力缝合：

间断垂直褥式缝合：这种缝合如图5-51所示。针刺入皮肤，距离创缘约8 mm使创缘相互对合，越过切口到相应对侧刺出皮肤。然后缝针翻转在同侧距切口约4 mm处刺入皮肤，越过切口到相应对侧距切口约4 mm处刺出皮肤，与另一端缝线打结。该缝合要

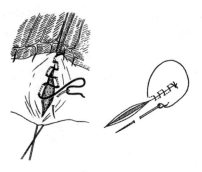

图5-48 库兴缝合

求缝针刺入皮肤时，只能刺入真皮下，接近切口的两侧刺入点要求接近切口，这样皮肤创缘对合良好，不能外翻。缝线间距为5 mm。

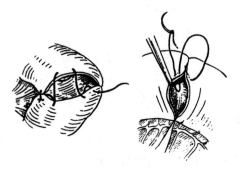

图5-49 康乃尔缝合

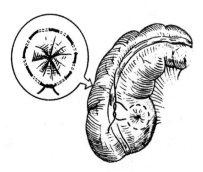

图5-50 荷包缝合

间断水平褥式缝合：这种缝合如图5-52所示，特别适用于马、牛和犬的皮肤缝合。针刺入皮肤，距创缘2～3 mm，创缘相互对合，越过切口到对侧相应部位刺出皮肤，然后缝线与切口平行向前约8 mm，再刺入皮肤，越过切口到相应对侧刺出皮肤，与另一端缝线打结。该缝合要求缝针刺入皮肤时刺在真皮下、不能刺入皮下组织，这样皮肤创缘对合才能良好，不出现外翻。根据缝合组织的张力，每针水平褥式缝合间距为4 mm。

近远-远近缝合：这种缝合如图5-53所示。第一针接近创缘垂直刺入皮肤，越过创底，到对侧距切口较远处垂直刺出皮肤，翻转缝针，越过创口到第一针刺入侧，距创缘较远处，垂直刺入皮肤，越过创底，到对侧距创缘近处垂直刺出皮肤，与第一针缝线末端拉紧打结。

图5-51 间断垂直褥式缝合

图5-52 间断水平褥式缝合

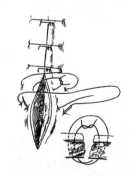

图5-53 近远-远近缝合

5. 打结

手术中的止血和缝合都离不开结扎，而结扎是否牢固可靠又与打结有密切的关系。打结是外科手术中最基本的操作之一，打结的质量和速度对手术时间的长短、手术的质量都会产生重要的影响。

（1）结的种类：常用的结有方结、三叠结和外科结（图5-54）。方结因其结扎后较为牢固而成为外科手术中最常使用的结。它由两个相反方向的单节重叠而成，适用于较少的组织或较小的血管以及各种缝合的结扎。三叠结又称加强结，是在方结的基础上再加一个结，使结更加牢固。适用于直径较大血管、张力较大组织的缝合。肠线或化学合成线等易于松脱的线打结时，通常需要做多重结。外科结打第一个结时绕两次，使摩擦面积增大，故打第二个结时不易滑脱和松动，此结牢固可靠，多用于大血管、张力较大的组织和皮肤缝合。假结是由同一方向的两个单结组成，结扎后易于滑脱而不应采用。滑结是打方结时，两手用力不均，只拉紧一根线，虽然两手交叉打结，结果仍形成滑结，而非方结，易滑脱，应尽量避免发生。

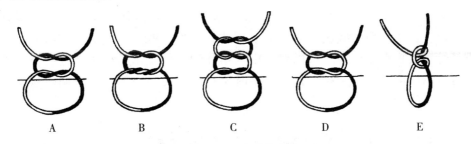

图5-54　各种线结
A. 方结　B. 外科结　C. 三叠结　D. 假结（斜结）　E. 滑结

（2）打结方法：术中打结可用徒手或借助器械两种方式来完成。徒手打结在术中较为常用，可分为双手打结和单手打结，根据操作者的习惯不同又将单手打结分为左手打结和右手打结。器械打结是借助于持针钳或血管钳打结，又称为持钳打结。

①单手打结是简便迅速的打结方法，易学易懂，术中应用最广泛，应重点掌握和练习（图5-55）。

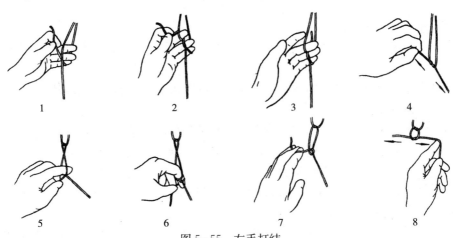

图5-55　左手打结
（1~8为打结操作顺序）

②双手打结作结方便，牢固可靠，除用于一般结扎外，还用于深部或组织张力较大部位的缝合结扎（图 5-56）。

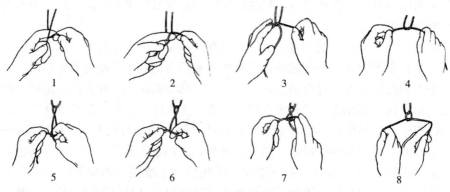

图 5-56　双手打结
（1～8 为打结操作顺序）

③器械打结：使用持针钳或止血钳打结。血管钳或持针钳既是线的延长，也是操作者手的延伸。此法适用于线头太短、徒手打结有困难时或打结空间狭小时的结扎。方法是把持针钳或止血钳放在缝线的较长端与结扎物之间，用长线头端缝线绕持针钳一圈后，再打结即可完成第一结。打第二结时用相反方向环绕持针钳一圈后拉紧，形成方结（图 5-57）。

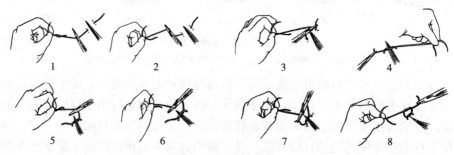

图 5-57　器械打结
（1～8 为打结操作顺序）

（3）打结基本要求：

①打结收紧时要求三点成一直线，不可成角向上提起，否则容易使结扎点撕脱或结松脱。

②打结时第一结和第二结的方向不能相同，两手需交叉，否则即成假结。如果两手用力不均，可成滑结。

③用力均匀，两手的距离不宜离线太远，特别是深部打结时，最好用两手食指伸到结旁，以指尖顶住双线，两手握住线端，徐徐拉紧，否则易松脱（图 5-58）。埋在组织内的结扎线头，在不引起结扎松脱的前提下，应剪短以减少组织内的异物。丝线、棉线一般留 3～5 mm，较大血管的结扎应略长，以防滑脱；肠线留 4～6 mm；不锈钢丝留 5～10 mm，并应将钢丝头扭转埋入组织中。

④正确的剪线方法是术者结扎完毕后，将双线尾提起略偏术者的左侧，助手用稍张开的剪刀尖沿着拉紧的结扎线滑至结扣处，再将剪刀稍向上倾斜，然后剪断，倾斜的角度取

决于要留线头的长短（图5-59）。如此操作比较迅速准确。

图5-58　深部打结法　　　　图5-59　剪线法
（1～3为剪线操作顺序）

6. 拆线　拆线是指拆除皮肤缝线。缝线拆除的时间，一般是在手术后7～8 d；在动物营养不良、贫血、老龄以及缝合部位活动性较大、创缘呈紧张状态等情况下，应适当延长拆线时间。但创伤已化脓或创缘已被缝线撕断不起缝合作用时，可根据创伤治疗需要随时拆除部分或全部缝线。

拆线时用碘酊消毒创口、缝线及创口周围皮肤后，将线结用镊子轻轻提起，剪刀插入线结下，紧贴针眼将线剪断。拉出缝线时拉线方向应向拆线的一侧，动作要轻巧，如强行向对侧硬拉，则可能将伤口拉开。拉出缝线后再次用碘酊消毒创口及周围皮肤（图5-60）。

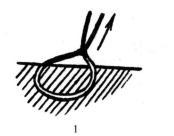 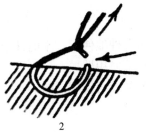 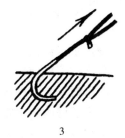

图5-60　拆线法
（1～3为操作顺序）

7. 引流　引流是将组织间或体腔内积聚的脓、血或其他液体导流于体外或脏腔内的技术。

（1）引流的应用情况及方法：对大的创伤或腹腔手术，由于术后大量血液及组织液分泌，如果聚集量多会影响伤口愈合，所以引流是一项手术必须考虑的内容。创伤缝合时，引流管插入创内深部，创口缝合后将引流的外部一端缝到皮肤上，在创内深处一端由缝线固定。引流管不要由原来切口处通出，而要在其下方单独切开一个小口通出引流管。引流管要每天清洗，以减少发生感染的机会。引流管在创内放置时间越长，引流引起感染的概率越高，如果认为引流已经失去作用，应该尽快取出。应该注意，引流管本身是异物，放置在创内可诱导产生创液。

（2）引流类型：

①纱布条引流：应用防腐灭菌的干纱布条涂布软膏，放置在腔内，排出腔内液体。纱

布条引流在几小时内吸附创液饱和，创液和血凝块沉积在纱布条上，阻止进一步引流。

②胶管引流：应用薄壁的乳胶管，管腔直径 0.635～2.45 cm。在插入创腔前用剪刀将引流管剪出小孔。引流管小孔能引流其周围的创液。这种引流管对组织无刺激作用，在组织内不变质，对被引流的组织影响很小。应用这种引流能减少术后血液、创液的蓄留。

（3）引流的注意事项：

①引流的类型和器材型号要与创口及分泌量适宜：选择引流类型和器材型号应该根据适应证、引流性能和创流排出量来决定。

②放置引流的位置要正确：一般脓腔和体腔内引流出口尽可能放在低位。不要直接压迫血管、神经和脏器，防止发生出血、麻痹或瘘管等并发症。手术切口内引流应放在创腔的最低位。体腔内引流最好不要经过手术切口引出体外，以免发生感染。应在其手术切口一侧另造一小创口通出。切口的大小要与引流管的粗细相适宜。

③引流管要妥善固定：不论深部或浅部引流，都需要在体外固定，防止滑脱、落入体腔或创伤内。

④引流管必须保持畅通：注意不要压迫、扭曲引流管。时常检查引流管，不要被血凝块、坏死组织堵塞。

⑤注意引流时间：必须详细记录引流所用器材取出的时间，除根据不同引流适应证外，主要根据引流流出液体的数量来决定引流时间。引流流出液体减少时，应该及时取出。所以放置引流后要每天检查和记录引流情况。

五、注意事项

（1）爱护手术器械，正确而合理地使用，平时注意器械保养。

（2）严格按器械使用原则要求使用器械。

（3）严格遵守无菌操作规范和理念使用器械。

（4）注意器械的使用安全要求。

（5）组织缝合注意事项：

①在缝合过程中要尽可能地减少缝线的用量。

②要求针距相等，缝合张力相近，不可过紧或过松。

③组织应按层次进行缝合，较大的创伤要由深而浅逐层缝合，以免影响愈合或裂开。而小的伤口，一般只做单层缝合，但缝线必须通过各层组织，缝合时应使缝针与组织成直角刺入，拔针时要按针的弧度和方向拔出。

④腔性器官缝合时应尽量采用小针、细线，缝合组织要少，除第一道做单纯连续缝合外，对肠管，第二道一般不宜做一周连续缝合，以免形成一个缺乏弹性的瘢痕环，收缩后发生狭窄，影响功能。腔性器官缝合的基本原则是使切开的浆膜向腔体内翻，浆膜面相对，借助浆膜上的间皮细胞在受损伤后析出的纤维蛋白原，在酶的作用下很快凝固纤维蛋白以黏附在缝合部，从而修补创伤，为此在第二道缝合时均使用浆膜对浆膜的内翻缝合。

实验六

绷 带 法

绷带法是指利用敷料、卷轴绷带、复绷带、夹板绷带、支架绷带及石膏绷带等材料包扎止血，从而保护创面，吸收创液，限制活动，防止自我损伤，使创口不受干扰，促进受伤组织的愈合。

一、实验目的与要求

掌握一般绷带和特殊绷带的操作技术及其应用。

二、实验所需器材及药品

卷轴绷带、脱脂棉、石膏绷带、石膏刀、绷带剪、竹片等。

三、实验动物

牛、马、羊、犬。

四、实验内容和方法

（一）卷轴绷带

1. 卷轴绷带使用基本原则　卷轴绷带包扎时，一般以左手持绷带的开端，右手持绷带卷，以绷带的背面紧贴肢体表面，由左向右缠绕。当第一圈缠好之后，将绷带的游离端反转盖在第一圈绷带上，再缠第二圈压住第一圈绷带。然后根据需要进行不同形式的包扎法缠绕。无论用何种包扎法，均应以环形开始并以环形终止。包扎结束后将绷带末端剪成两条打个半结，以防撕裂。最后打结于肢体外侧，或以胶布将末端加以固定。

2. 卷轴绷带的基本应用范围及包扎方法　卷轴绷带多用于动物四肢游离部、尾部、头角部、胸部和腹部等的包扎。

（1）环形包扎法：用于其他形式包扎的起始和结尾，以及系部、掌部、跖部等较小创口的包扎。方法是在患部把卷轴带呈环形缠数圈，每圈盖住前一圈，最后将绷带末端剪开打结或以胶布加以固定（图6-1A）。

（2）螺旋形包扎法：以螺旋形由下向上缠绕，后一圈遮盖前一圈的1/3～1/2。用于掌部、跖部及尾部等的包扎（图6-1B）。

（3）折转包扎法：又称螺旋回反包扎。用于上粗下细径圈不一致的部位，如前臂和小腿部。方法是由下向上做螺旋形包扎，每一圈均应向下回折，逐圈遮盖上圈的1/3～1/2（图6-1C）。

（4）蛇形包扎法：或称蔓延包扎法。斜行向上延伸，各圈互不遮盖，用于固定夹板绷带的衬垫材料（图6-1D）。

（5）交叉包扎法：又称8形包扎，用于腕、跗关节和球节等部位，方便关节屈曲。包扎方法是在关节下方做一环形带，然后在关节前面斜向关节上方做一周环形带，再斜行经过关节前面至关节下方。如上操作至患部完全被包扎，最后以环形带结束（图6-2）。

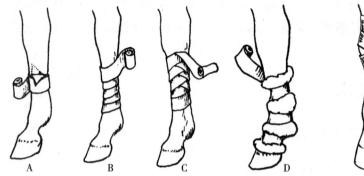
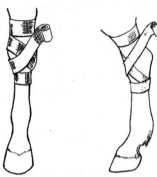

图6-1　卷轴绷带包扎法　　　　　　　　图6-2　交叉包扎法

A. 环形包扎法　B. 螺旋形包扎法　C. 折转包扎法　D. 蛇形包扎法

（6）蹄包扎法：方法是将绷带的起始部留出约20 cm作为缠绕的支点，在系部做环形包扎数圈后，绷带由一侧斜经蹄前壁向下，折过蹄尖经过蹄底至踵壁时与游离部分扭缠，以反方向由另侧斜经蹄前壁做经过蹄底的缠绕。同样操作至整个蹄底被包扎，最后与游离部打结，固定于系部（图6-3）。为防止绷带被污染，可在外部加上帆布套。

（7）蹄冠包扎法：包扎蹄冠时，将绷带两个游离端分别卷起，并以两头之间背部覆盖于患部，包扎蹄冠，使两头在患部对侧相遇，彼此扭缠，以反方向继续包扎。每次相遇均行相互扭缠，直至蹄冠完全被包扎。最后打结于蹄冠创伤的对侧（图6-4）。

（8）角包扎法：用于角壳脱落和角折。先用一块纱布覆盖在断角上，用环形包扎固定纱布，再用另一角作为支点，以8形缠绕，最后在健康角根处环形包扎打结（图6-5）。

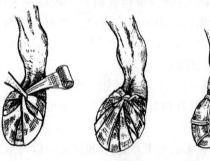

图6-3　蹄包扎法

图 6-4　蹄冠包扎法　　　　　　　图 6-5　角包扎法

（9）尾包扎法：用于尾部创伤或后躯、肛门、会阴部施术前后固定尾部。先在尾根做环形包扎，然后将部分尾毛向上转折。在原处再做环形缠绕，包住部位转折的尾毛，部分未包住尾毛再向下转折，绷带做螺旋缠绕，包住下转的尾毛。再环形包扎下一个上、下转折的尾毛。这种包扎的目的是防止绷带滑脱。当绷带螺旋缠绕至尾尖时，将尾毛全部折转做数周环形包扎，绷带末端通过尾毛折转所形成的圈内抽紧（图 6-6）。

（10）耳包扎法：用于耳外伤。

图 6-6　尾包扎法

垂耳包扎法：先在患耳背侧安置棉垫，将患耳及棉垫反折使其贴在头顶部，并在患耳耳郭内侧填塞纱布。然后绷带从耳内侧基部向上延伸至健耳后方，并向下绕过颈上方到患耳，再绕到健耳前方。如此缠绕 3～4 圈将耳包扎（图 6-7A）。

竖耳包扎法：多用于耳成形术。先用纱布或材料做成圆柱形支撑物填塞于两耳郭内，再分别用短胶布条从耳根背侧向内缠绕，每条胶布断端相交于耳内侧支撑物上，依次向上贴紧。最后用胶带 8 形包扎将两耳拉紧竖直（图 6-7B）。

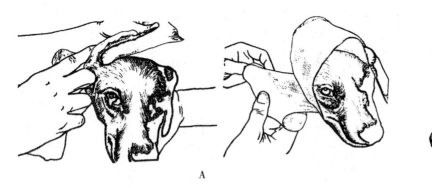

A　　　　　　　　　　　　　　　　　　　　　　B

图 6-7　耳包扎法
A. 垂耳包扎法　B. 竖耳包扎法

（二）复绷带和结系绷带

1. 复绷带　按动物体一定部位的形状缝制，是具有一定结构、大小的双层盖布，在盖布上缝合若干布条以便打结固定。复绷带虽然形式多样，但都要求装置简便、固定确实。装置复绷带时应注意盖布的大小、形状应适合患部解剖形状和大小的需要，否则外物易进入患部。常用的复绷带见图6-8。

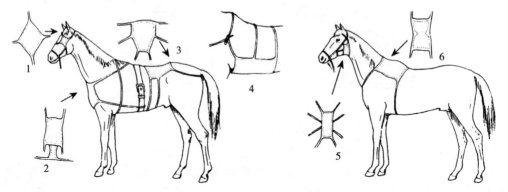

图6-8　复绷带

1. 眼绷带　2. 前胸绷带　3. 背腰绷带　4. 腹绷带　5. 喉绷带　6. 鬐甲绷带

2. 结系绷带　结系绷带又称缝合包扎，是用缝线代替绷带固定敷料的一种保护手术创口或减轻伤口张力的绷带。结系绷带可装在动物体的任何部位，其方法是在圆枕缝合的基础上，利用游离的线尾，将若干层灭菌纱布固定在圆枕之间和创口之上（图6-9）。

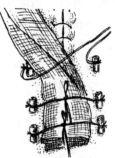

图6-9　结系绷带

（三）夹板绷带和支架绷带

1. 夹板绷带　夹板绷带可分为临时夹板绷带和预制夹板绷带两种。前者通常用于骨折、关节脱位时的紧急救治，后者可用于较长时期的制动。夹板绷带的包扎方法是先将患部皮肤刷净，包上较厚的棉花、纱布棉花垫或毡片等衬垫，并用蛇形包扎法加以固定，然后再装置夹板。夹板的宽度视需要而定，长度既应包括骨折部上下两个关节，使上下两个关节同时得到固定，又要短于衬垫材料，避免夹板两端损伤皮肤。最后用绷带螺旋包扎或用结实的细绳加以捆绑固定。铁制夹板可加皮带固定（图6-10、图6-11）。

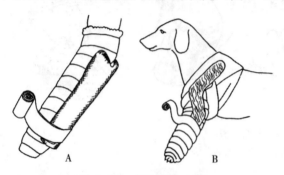

图6-10　夹板绷带（犬）

A. 塑料夹板绷带　B. 纤维板夹板绷带

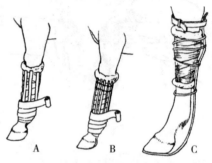

图6-11　夹板绷带（马）

A. 胶合板夹板绷带　B. 木杆夹板绷带
C. 单副铁板夹板绷带

2. 支架绷带　支架绷带是在绷带内作为固定敷料的支持装置，这种绷带应用于动物的四肢时，用套有橡皮管的软金属或细绳构成支架，借以牢靠地固定敷料，而不因动物走动失去它的作用。在小动物四肢常用托马斯支架绷带，其支架多用铝棒根据动物肢体长短和肢上部粗细自制（图6-12）。应用在鬐甲、腰背部的支架绷带为被纱布包住的弓状金属支架，使用时可用布条或细软绳将金属架固定于患部。

支架绷带具有防止摩擦、保护创伤、保持创伤安静和通气等作用，因此可为创伤的愈合提供良好的条件。

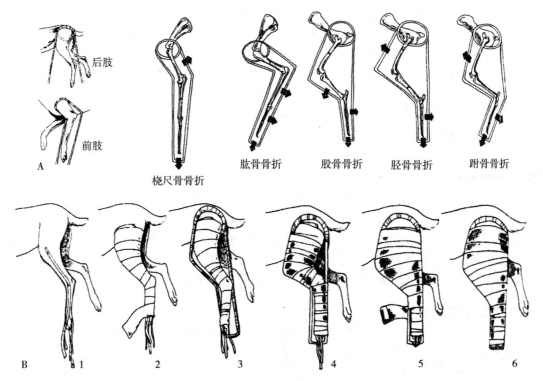

图6-12　托马斯支架绷带（犬）
A. 不同肢体和不同部位骨折的支架　B. 后肢支架（1～6为操作顺序）

（四）硬化绷带

1. 石膏绷带　石膏绷带是在淀粉液浆制过的大网眼纱布上煅制石膏粉制成的。这种绷带用水浸后质地柔软，可塑成任何形状敷于患肢，一般十几分钟后开始硬化，干燥后成为坚固的石膏夹。根据这一特性，石膏绷带应用于整复后的骨折、脱位的外固定或矫形都可以收到满意的效果。

（1）检查石膏品质：石膏细腻洁白，略带黏性、涩性，手握石膏易从指缝漏出，将石膏加入30～35 ℃温水调成糊状，涂于瓷盘上，经5～7 min，指压仅留有压痕，并从表面排出水分，达到上述标准即可应用。

（2）石膏绷带的制作：将脱脂卷轴绷带在方盘内展开，其内装适量石膏粉，用手搓入纱布的网眼、摊匀，边撒石膏粉、摊平，边卷绷带，卷制的松紧度要适宜。

（3）石膏绷带的装置方法：患病动物倒卧保定，清除患部的污物。将制备好的石膏绷带或市售的石膏绷带浸入 30～35 ℃水中，完全浸湿，无气泡发生时取出，两手握住绷带两端轻轻挤出过多的水分，勿使石膏流失。

将骨折或脱位的关节整复好，撒布滑石粉，上、下两端各绕一层棉花纱布，其范围大于预定使用石膏固定的范围。挤水后的石膏先在下端做环形带，再做螺旋带向上缠绕，每缠一周绷带，用手均匀地涂一层石膏泥，使石膏绷带紧密结合。根据负重和肌肉牵引程度不同可缠绕 6～8 层。也可在缠绕 2～3 层后在患肢的前、后或左、右加入夹板数条，夹板与绷带之间的缝隙应填入石膏泥。夹板外再缠 3～5 层石膏绷带。缠绕圈数达到要求后，绷带表面涂石膏泥使其光滑。待石膏硬化后，方能解除保定。

（4）石膏绷带的拆除：石膏绷带拆除的时间，应根据不同的患病动物和病理过程而定。一般大动物为 6～8 周，小动物 3～4 周。但遇下列情况，应提前拆除或拆开另行处理：石膏夹内有大出血或严重感染；患病动物出现原因不明的高热；包扎过紧，肢体受压，影响血液循环；患病动物表现不安，食欲减少，末梢部肿胀，蹄、指或趾温变低。如出现上述症状，应立即拆除重行包扎。肢体萎缩，石膏夹过大或严重损坏失去作用也应拆除并加以适当处理。

由于石膏绷带干燥后十分坚硬，拆除时多用专门工具，包括锯、刀、剪、石膏分开器等（图 6 - 13）。

拆除的方法是先用热醋、双氧水或饱和食盐水在石膏表面画好拆除线，使之软化，然后沿拆除线用石膏刀切开或用石膏锯锯开，也可用石膏剪逐层剪开。为了减少拆除时可能发生的组织损伤，拆除线应选择在较平整和软组织较多处。外科临床上也常直接用长柄石膏剪沿石膏绷带近端外侧缘纵向剪开，然后用石膏分开器将其分开。石膏剪向前推进时，剪的两叶应与机体的长轴平行（图 6 - 14），以免损伤皮肤。

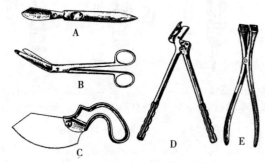

图 6 - 13　拆除石膏绷带的工具
A. 石膏刀　B. 石膏剪　C. 石膏手锯
D. 长柄石膏剪　E. 石膏分开器

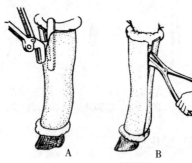

图 6 - 14　石膏绷带拆除方法
A. 使用石膏剪　B. 使用石膏分开器

2. 其他硬化绷带

（1）Vet-Lite：是一种热熔可塑形的塑料，附着在布满网孔的纺织物上。如将其放在水中加热至 71～77 ℃，则变得很软，并可具有黏性；然后置室温冷却，几分钟后就可硬化。Vet-Lite 多用于小动物的硬化夹板。

（2）纤维玻璃绷带：纤维玻璃是一种树脂黏合材料。绷带浸泡冷水中 10～15 s 就起反应，随后在室温条件下几分钟则开始固化。纤维玻璃绷带主要用于四肢的圆筒铸型，也可用作夹板。具有质量轻、硬度高、多孔透气及防水等特性。

五、注意事项

1. 卷轴绷带包扎注意事项

（1）按包扎部位的大小、形状选择宽度适宜的绷带。绷带过宽使用不便，包扎不平；过窄难以固定，包扎不牢固。

（2）要求用力均匀，松紧适宜，避免一圈松一圈紧。压力不可过大，以免导致循环障碍，但也不宜过松，以防脱落或固定不牢。在操作时绷带不得脱落污染。

（3）不宜使用湿绷带进行包扎，因为湿绷带不仅会刺激皮肤，而且容易造成感染。

（4）对四肢部的包扎需按静脉血流方向，从四肢的下部开始向上包扎，以免造成静脉淤血。

（5）包扎至最后，末端应妥善固定以免松脱，一般用胶布粘贴比打结更为光滑、平整、舒适。如果采用末端撕开系结，则结扣不可置于隆凸处或创面上，结的位置应避免动物啃咬，以防松脱。

（6）包扎应美观，绷带应平整无皱褶，以免造成不均匀的压迫。交叉或折转应成一线，每圈遮盖范围要一致，并除去绷带边上松散的线头。

（7）解除绷带时，先将末端的固定结松开，再朝缠绕反方向以双手相互传递松解。解下的部分应握在手中，不要拉得很长或拖在地上。紧急时可以用剪刀剪开。

（8）对破伤风等厌氧菌感染的创口，尽管已做过外科处理，也不宜用绷带包扎。

2. 石膏绷带包扎注意事项

（1）石膏一旦用水浸润好，应马上操作，防止时间过长凝结固化。

（2）患病动物必须保定确实，必要时可做全身或局部麻醉。

（3）装置前必须将患肢整复到正常解剖位置，尽量使其主要应力线和肢轴一致。必要时应用 X 线摄片检查。

（4）长骨骨折时，为达到制动目的，一般应固定上下两个关节。

（5）骨折发生后，使用石膏绷带做外固定时，必须尽早进行。若在局部出现肿胀后包扎，则在肿胀消退后，皮肤与绷带间会出现空隙，起不到固定作用。此时，可施以临时石膏绷带，待炎性肿胀消退后将其拆除，重新包扎石膏绷带。

（6）缠绕时要松紧适宜，过紧会影响血液循环，过松会失去固定作用，一般以在石膏绷带两端可插入一手指为宜。缠绕的基本方法是把石膏绷带"贴上去"，而不是拉紧"缠上去"，每层力求平整。为此，应一边缠绕一边用手将石膏泥抹平，使其厚度均匀一致。

（7）未硬化的石膏绷带不要指压，以免向下凹陷压迫组织，影响血液循环或导致溃疡、坏死。

（8）石膏绷带敷缠完毕后，为了使绷带表面光滑美观，有时可用石膏粉加少许水调成糊，涂在表面，使之光滑整齐。石膏夹两端的边缘，应修理光滑并将两端的衬垫翻到外面，以免摩擦皮肤。

（9）最后用油性笔或毛笔在石膏夹表面写明装置和拆除石膏绷带的日期，并尽可能标记出骨折线。

实验七

马锉牙术和牙截断术

马锉牙术适用于当臼齿异常磨灭，其锐缘损伤齿龈、颊黏膜和舌，出现咀嚼功能障碍时。牙截断术适用于当过长齿或斜齿影响牙齿正常咬合或引起口腔黏膜损伤时。

一、实验目的与要求

（1）了解马锉牙术和牙截断术的适应证、保定、麻醉及所需器械。
（2）掌握锉牙术和牙截断术的基本方法和步骤。

二、实验所需器材及药品

大动物开口器、齿剪、后臼齿齿剪、齿枕、前臼齿齿钳、齿锉、齿刨等牙科器械等（图7-1）。

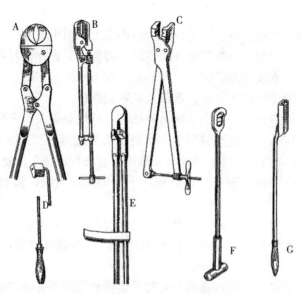

图 7-1　牙科手术器械
A、B. 齿剪　C. 后臼齿齿剪　D. 齿枕　E. 前臼齿齿钳　F. 齿刨　G. 齿锉

三、实验动物

马。

四、实验内容和方法

1. 马齿解剖结构 公马上下颌都有 20 颗永久齿，其中 6 颗切齿、2 颗犬齿和 12 颗臼齿。母马缺犬齿，共有 18 颗永久齿。颊齿排列于上下颌骨，前 3 颗称前臼齿，后 3 颗称后臼齿。切齿每侧按 3 颗排列，在中间线上的称门齿，向外排列的称中间齿，最外边的称隅齿。

马的切齿为弯曲楔形，呈扇形排列，乳切齿较永久齿短，颜色较白。永久齿缺齿颈，齿窝磨灭区留有黑斑。臼齿较切齿大，齿冠深埋于骨质齿槽，臼齿的位置随年龄而变化。第一臼齿齿根向前，第二臼齿齿根几乎垂直，其余臼齿齿根都向后倾斜，其后随年龄变化，老龄马的臼齿位置几乎彼此平行（图 7 - 2）。这些在临床是有意义的。

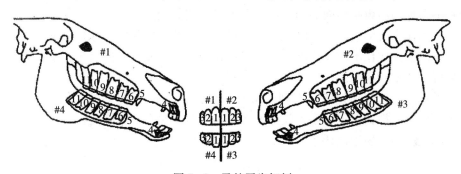

图 7 - 2 马的牙齿解剖

下颌臼齿比上颌臼齿长且窄，每颗齿有两个齿根。上颌臼齿形状很像四棱柱体，最前和最后齿为三棱柱体。每颗上臼齿有 3 个齿根。上下颌臼齿通常不是直接完全相对，而是上臼齿稍靠后方，所以每颗上颌臼齿有一主对和一副对立齿。从横断面观察，上颌臼齿咀嚼面略由上向下、由内向外倾斜，而下颌臼齿咀嚼面由下向上、由外向内倾斜。因此，在咀嚼时，上下臼齿不是对位接触磨碎食物，而是错位移动进行咀嚼。这是引起马臼齿磨损异常的原因。

眶下神经和同名血管进入每颗上颌齿，具体路径是经眶下管分出神经、血管支分布到齿及其周围齿龈，再分小支（神经、血管）经过齿根的骨小管进入齿髓。眶下神经和血管的终末支到上颌切齿和齿龈。

眶下神经是上颌神经的分支，经上颌孔进入眶下管，在进入管内之前分出上颌齿槽后支，经上颌结节内后齿槽孔穿出走向后臼齿。眶下神经在眶下管内分出上颌齿槽中支分布到第一至第三后臼齿。在眶下孔后方 0.5～1 cm 处由眶下神经分出上颌齿槽支经上颌切齿管分布于切齿，并分出上颌齿槽前支，分布于第一至第三前臼齿。

下颌齿槽神经和同名的血管位于下颌管中，分支到下颌臼齿和切齿及其周围组织。

2. 保定 柱栏内站立保定，高吊马头并用绳固定。

3. 麻醉　一般不需要麻醉，烈性马可行全身浅麻醉或投给镇静剂。

4. 术式

锉牙术：装好开口器后，助手将舌拉至预修整齿的对侧，并加以固定，术者仔细检查口腔和异常齿。先用粗面齿锉对准异常的侧缘，做数次前后运动，然后再用细面齿锉补充锉平。上臼齿锉其外缘，下臼齿锉其内缘，不得过多锉臼齿的咀嚼面。锉完之后用1：3 000的高锰酸钾溶液冲洗，黏膜若有损伤，涂以碘甘油。

牙截断术：安装开口器，将舌拉向预手术齿的对侧，用半开齿剪，在邻齿的咀嚼面上夹住凸出齿冠的齿，不得夹住整个齿冠，以夹住1/3为限，有计划地分次将牙剪断。然后放低马头，使断齿碎片从口腔掉出，再用齿锉锉平残留的锐缘。对较小或较细的齿尖，可用齿刨击断。最后臼齿的剪断，应有人工光源，如无齿剪，用齿凿分区将异常部分凿掉。

五、注意事项

（1）事先做好临床检查，对有骨质疏松的马，应特别注意保定，不得由于安装开口器而造成颌骨骨折。

（2）不得损伤臼齿咀嚼面的釉质，否则可能引起其他齿病。

（3）手术操作要细致，锉牙时要先快后慢，快速的动作能使马保持安静。

（4）上臼齿操作比下臼齿困难，一般习惯先难后易，先锉上臼齿再锉下臼齿。对前两颗上臼齿可用弯度较大的专用齿锉。

（5）手术之前要清洁口腔，有利于检查和操作。清洁口腔时，要放低马头，防止误咽。剪牙时一定要把舌固定好，不仅方便操作，还可避免吞咽剪断的齿碎片。

（6）波状齿不适用于锉牙术。

实验八

圆 锯 术

圆锯术适用于动物患鼻旁窦化脓性炎症经保守疗法无效，除去鼻旁窦内肿瘤、寄生虫、异物等，上颌后臼齿发生龋齿、化脓性齿槽骨膜炎、齿瘘、齿冠折断等需做牙齿打出术时的手术径路等情况。

一、实验目的与要求

(1) 了解圆锯术的适应证、保定、麻醉及所需器械，掌握手术的基本方法和步骤。
(2) 通过学习，能够运用所学过的基本理论制订出可行的手术方案并组织实施。

二、实验所需器材及药品

常规软组织切开、止血及缝合器械，圆锯，骨螺，球头刮刀，骨膜剥离器等（图8-1）。药品包括抗生素、灭菌生理盐水、葡萄糖、氧化樟脑（强尔心）、尼可刹米、地塞米松等。

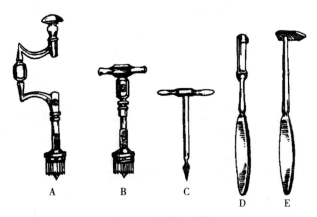

图8-1 圆锯术器械
A、B. 圆锯　C. 骨螺　D. 球头刮刀　E. 骨膜剥离器

三、实验动物

马、牛。

四、实验内容和方法

1. 保定　柱栏内保定，确实固定头部。

2. 麻醉　一般行局部直线或菱形浸润麻醉即可。若做额窦圆锯术，还可行眶上神经传导麻醉。但齿源性上颌窦炎需做牙齿打出术者，则应全身麻醉，侧卧保定。如动物不配合可适当应用水合氯醛等镇静剂加以镇静。

3. 术部确定

（1）马额窦圆锯术：有三处手术部位，可按需要选择（图8-2）。

额窦后部：在两侧额骨颧突后缘做一连线与额骨中央线（头正中线）相交，在交点两侧1.5～2 cm处为左右圆锯的正切点。

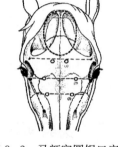

额窦中部：在两内眼角之间做一连线与头正中线相交，交点与内眼角间连线的中点即为圆锯部位。

鼻甲部额窦前部：由眶下孔上角至眼前缘做一连线，由此线中点再向头正中线做一垂线，取其垂线中点为圆锯孔中心。在额窦蓄脓时，此圆锯孔便于排脓引流。

（2）马上颌窦圆锯术：从内眼角引一与面嵴平行的线，由面嵴前端向鼻中线做一垂线，再由内眼角向面嵴做垂线，这三条线与面嵴构成一长方形，此长方形的两条对角线将其分成四个三角区，距眼眶最近的三角区为上颌窦后窦，距眼眶最远的三角区为上颌窦前窦。上颌窦圆锯孔就在这两个部位，临床多选后窦为手术部位（图8-3）。有的病例以病变最明显、最突出的部位为术部。

图8-2　马额窦圆锯口定位

（3）牛颌窦圆锯术：成年牛在面结节的最上方，犊牛在面结节的上方1～2 cm处。

（4）牛额窦圆锯术：项憩室在枕嵴前方，由角根中央向正中线引垂线的中点。角憩室在眶上孔上方，注意圆锯孔的下缘不要超过眶上孔的上缘。眶后憩室位于两眼眶上缘连线，旁开正中线2.5～3.5 cm处。

4. 术式　术部剃毛消毒，保定麻醉后，在术部瓣形切开皮肤，钝性分离皮下组织或肌肉直至骨膜，彻底止血后在圆锯中心部位用手术刀"十"字或瓣状切开骨膜，用骨膜剥离器把骨膜推向四周，其面积以可容纳圆锯且稍大为度。

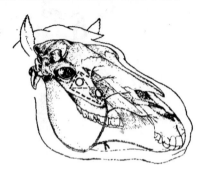

图8-3　马上颌窦圆锯孔定位

将圆锯锥心垂直刺入预做圆锯孔的中心（调整锥心使其凸出齿面约3 mm），使全部锯齿紧贴骨面，然后开始旋转圆锯，分离骨组织。左手把持锯柄，使锯杆与骨面保持垂直，先重后轻，平稳施加压力。右手转动锯杆，均匀用力，先慢、中快、后慢。当发出沙沙音时，表明即将锯透骨板，此时退出圆锯，彻底去除骨屑，用骨螺旋入中央孔，向外提出骨片，如无骨螺，可用外科镊代替。除去黏膜，用球头刮刀整理创缘，然后进行窦内检查或除去异物、肿瘤、打出牙齿等治疗措施。若以治疗为目的，皮肤一般不缝合或假缝合，外施以绷带，既可防尘土和蚊蝇，又有利于渗出液流出；若以诊断为目的，术后将骨膜进行整理，皮肤结节缝合，外系结系绷带。

五、注意事项

（1）应以动物的种类、年龄、病性、局部变化、手术目的及局部解剖学特点等具体选定手术部位。

（2）令患病动物经常运动，休息时将其头部低系，便于排出窦内分泌物。

（3）对化脓性炎症，应每日进行冲洗，冲洗时应放低头部，依分泌物的多少，决定每日冲洗的次数，直至炎性渗出停止。为了加快治疗过程，在冲洗的同时配合青霉素或磺胺疗法等，特别在中后期，能缩短疗程。

（4）炎症消退后，并有痊愈可能时，可用结节法缝合皮肤切口，或不缝合。但在炎症消退前，要防止皮肤切口过早愈合。

肋骨切除术

当发生肋骨骨折、骨髓炎、肋骨坏死或化脓性骨膜炎时，作为治疗手段应进行肋骨切除术。另外，为打开通向胸腔或腹腔的手术通路，也需要切除肋骨。

一、实验目的与要求

（1）了解肋骨的局部解剖结构、肋骨切除术的适应证。
（2）掌握手术操作的基本要点和方法。

二、实验所需器材及药品

常规手术器械包、肋骨剥离器、肋骨剪、肋骨钳、骨锉和线锯等。

三、实验动物

牛、马、羊。

四、实验内容和方法

1. 保定　一般采用站立保定，但也可侧卧保定。
2. 麻醉　全身麻醉，对性情温顺的马、牛也可用局部麻醉。局部麻醉采用肋间神经传导麻醉和皮下浸润麻醉相结合。

肋间神经与其背侧皮支的传导麻醉：在欲切除的肋骨与髂肋肌的外侧缘相交处，将针头垂直刺入抵达肋骨后缘，再将针头滑过后缘，向深层推进 0.5～0.7 cm（马、牛），注入 2% 盐酸普鲁卡因溶液 10 mL，使肋间神经麻醉。然后将针头退至皮下，注射相同的剂量以麻醉其背侧皮支。在注射药液时，需左右转动针头，目的是扩大浸润范围，增强麻醉效果。经 10～15 min 后，神经支配的皮肤、肌肉、骨膜均被麻醉。为得到更好的效果，可在需麻醉肋骨的前一肋骨做相同的操作。

皮肤切开之前，在切开线上做局部浸润麻醉。

3. 术部与术式　在欲切除肋骨中轴，直线切开皮肤、浅筋膜、胸深筋膜和皮肌，显露肋骨的外侧面。用牵开器扩开创口，确实止血。在肋骨中轴纵向切开肋骨骨膜，并在骨膜切口的上、下端做补充横切口，使骨膜上形成"工"字形切口。用骨膜剥离器剥离骨膜，先用直的剥离器分离外侧和前后缘的骨膜，再用半圆形剥离器插入肋骨内侧与肋膜之间，向上向下均匀用力推动，使整个骨膜与肋骨分离。骨膜分离之后，用骨剪或线锯切断肋骨的两端，断端用骨锉锉平，以免损伤软组织，拭净骨屑及其他破碎组织。

关闭手术创时，先将骨膜展平，用吸收缝线或非吸收缝线间断缝合，肌肉、皮下组织分层常规缝合。

五、注意事项

（1）骨膜剥离的操作要谨慎，不得损伤肋骨后缘的血管神经束，更不得把胸膜戳穿。

（2）当发生骨髓炎时，肋骨呈宽而薄的管状，其内充满坏死组织和脓汁。在这样的情况下，肋骨切除手术变得很复杂，骨膜剥离很不容易，只能细心剥离，以免损伤胸膜。如果骨膜也发生坏死，应在健康处剥离，然后切断肋骨。

实验十

食管切开术

当动物食管发生梗塞，用一般保守疗法难以除去时，采用食管切开术；另外也应用于食管憩室和新生物的摘除。

一、实验目的与要求

（1）了解食管及其周围的局部解剖结构。
（2）掌握手术操作的基本要点和方法。

二、实验所需器材及药品

常规手术器械包等。

三、实验动物

牛、马、羊。

四、实验内容和方法

（一）保定

侧卧保定，也可站立保定。使动物颈部伸直，固定头部。

（二）麻醉

全身镇静配合局部浸润麻醉，或全身麻醉。

（三）术部与式式

1. 术部　食管梗塞在马或牛常发生于几个特定部位：①颈上 1/3，咽转入食管的起始部；②胸腔入口；③从第一肋骨到动脉弓的一段食管；④在反刍动物还能由于括约肌功能减退而阻塞于贲门。

颈部食管手术通常分为上方切口与下方切口（图10-1）。上方切口是在颈静脉的上缘，臂头肌下缘0.5～1 cm处，颈静脉与臂头肌之间。此切口距离主手术食管最近，手术操作较为方便。若食管有严重损伤，术后不便于缝合，则应采用下方切口，即在颈静脉下方沿着胸头肌上缘做切口。此切口在术后有利于创液排出。不论是上方切口还是下方切口，都必须沿颈静脉沟纵向切开皮肤，切口长度视阻塞物大小及动物种类而定，马、牛可达12～15 cm（图10-2）。

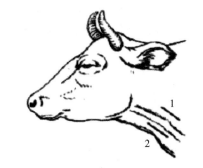

图10-1　食管切口部位
1. 上方切口　2. 下方切口

2. 术式　切开皮肤、筋膜（含皮肌），钝性分离颈静脉和肌肉（臂头肌或胸头肌）之间的筋膜，在不破坏颈静脉周围结缔组织腱膜的前提下，用手术剪剪开纤维性腱膜。在颈下1/3手术时需剪开肩胛舌骨肌筋膜及脏层筋膜，而在上1/3和中1/3手术时必须钝性分离肩胛舌骨肌后再剪开深筋膜。根据解剖位置，寻找食管。食管呈淡红色，有梗塞的食管容易发现；当用手检查无异物的食管时，感觉柔软、空虚、扁平，表面光滑，而管的中央能感觉到索状物（为食管黏膜）。

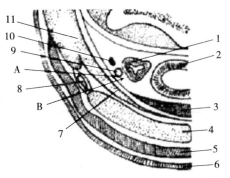

图10-2　颈部解剖结构
A. 上方切口通路　B. 下方切口通路
1. 食管　2. 气管　3. 胸骨舌骨肌　4. 胸头肌
5. 皮肌　6. 皮肤　7. 肩胛舌骨肌　8. 颈静脉
9. 颈动脉　10. 迷走交感神经干　11. 臂头肌

食管暴露后，小心将食管拉出，并用生理盐水浸湿的灭菌纱布隔离。若食管梗塞的时间不长，切口可做在梗塞物所对应位置的食管上；若食管梗塞的时间过长，食管黏膜有坏死，食管切口应做在梗塞物的稍后方，切口大小应以能取出梗塞物为宜。切开食管的全层，擦去分泌物，取出异物。

食管闭合必须在局部无严重血液循环障碍的情况下进行。食管做两层缝合，第一层用可吸收线连续缝合全层，第二层仅对纤维肌肉层做间断缝合。食管周围结缔组织、肌肉和皮肤分别做结节缝合。若食管壁坏死，需保持开放，不得缝合，皮肤可做部分缝合。

若梗塞发生于胸部食管，手术通路在左侧胸壁第7～9肋间。摘除肋骨，打开胸腔，用手在食管之外将梗塞物体压碎或推移到胃内，必要时也可用带有长胶管的针头，将液状石蜡注入食管，促使梗塞物的排出。

牛食道梗塞若发生在贲门，在左腹壁做手术通路，切开瘤胃，并通过瘤胃用手或长钳将贲门部异物取出。

五、注意事项

（1）打开手术通路时，注意不要损伤食管周围的重要组织，如颈静脉、颈动脉、迷走神经干等。

（2）食管手术时，尽量避免食管与周围组织剥离。

（3）当进行牛食管切开时，要注意避免瘤胃发生臌气，术中或术后可进行瘤胃穿刺，以排出气体。

气管切开术

当上呼吸道急性炎性水肿、鼻骨骨折、鼻腔肿瘤和异物、双侧返神经麻痹，或由于某些原因引起气管狭窄等，动物产生完全或不完全的上呼吸道闭塞、窒息而有生命危险时，气管切开常作为紧急治疗手术。当对上呼吸道施行某些手术时，也需要气管切开术。气管切开术可分为暂时性和永久性两种。前者多属于急救性质，待局部障碍消除后，切开的气管即闭合，而后者多适用于经济价值较高的动物，如上呼吸道有不能消除的瘢痕性狭窄，双侧的面神经、返神经麻痹以及不能治疗的肿瘤等可行永久性气管切开术。

一、实验目的与要求

(1) 了解气管切开术是可用于上呼吸道疾病引起呼吸困难的一种急救手术。
(2) 掌握气管切开术的适应证、手术部位局部解剖和式式。

二、实验所需器材及药品

常规软组织手术器械一套、气导管、纱布、浸润麻醉药、消毒用药品等。

三、实验动物

马、牛、羊。

四、实验内容和方法

1. 保定　多采用柱栏内站立保定，头部适当高吊，胸下、腹下和前肢要保定确实。如患病动物不能站立，也可取头颈伸张姿势的侧卧保定。
2. 麻醉　局部浸润麻醉和镇静。紧急情况下，也可不进行麻醉。
3. 术部　气管切开的部位，应在引起上呼吸道障碍部的下方。马骡通常在颈腹侧上1/3 与中 1/3 交界处，颈腹正中线上做切口，即第 4、5、6 气管软骨环处（图 11 - 1）。牛可在颈腹侧皱襞的一侧切开。

4. 术式　术部剃毛、消毒后，隔离。术者站于患病动物的右前方，左手确实固定术部皮肤，沿颈腹正中线做 5～8 cm 长皮肤切口。随即切开浅筋膜及颈皮肌，用牵开器开张切口，充分止血。此时，即可发现由两侧胸骨舌骨肌形成的白线，用手术刀切开，切开时切忌切偏，以防出血。开张肌肉以显露深层气管筋膜并充分分离，则气管完全显露。气管切开前应进一步充分止血，以防血液流入气管。气管切开的方法很多，常用的有三种。

椭圆形切口：在临近两个气管环上各做一半圆形切口（宽度不超过气管环宽度的 1/2），合成一个近圆形的孔。术者用尖刃手术刀刺透气管环间韧带，之后切开软骨环。切软骨环时要用镊子牢固夹住，以防软骨片落入气管（图 11 - 2）。圆孔的大小，一般稍大于导管直径较为合适。但幼驹的软骨环切口切忌过大，否则以后形成过多肉芽组织，造成手术后气管狭窄。

方形切口：切除 1～2 个软骨环的一部分，造成方形"天窗"。沿气管腹侧正中纵行切开气管环 1～2 个，然后在距正中切口两侧的 1～1.5 cm 处，从气管黏膜上切去每侧软骨的一部分，但不要损伤气管黏膜（图 11 - 2）。用结节缝合法将气管黏膜与相对的皮肤缝合，这是一种永久性的气管切开法。

纵行切口：在气管环中央，纵向切开 2～3 个气管环；此手术切口常作为暂时性插管的通道（图 11 - 2）。

紧急情况下，临床上为暂时缓解高度的呼吸困难，可用套管针穿刺气管，而后再施以气管切开术。

切开后正确安装气管导管（图 11 - 2）。用纱布覆盖气导管外口，用线或绷带固定，结系于颈背侧。皮肤切口过大时，在上、下角各做数针结节缝合。

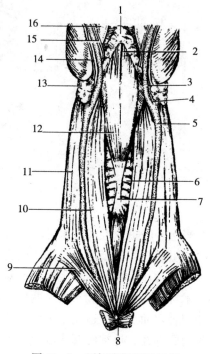

图 11 - 1　颈部腹侧浅层解剖
1. 下颌淋巴结　2. 舌骨体　3. 颌外静脉
4. 颌内静脉　5. 颈静脉　6. 气管
7. 胸骨甲状舌骨肌腱　8. 胸骨柄
9. 皮肌　10. 胸头肌　11. 臂头肌
12. 胸骨舌骨肌　13. 腮腺　14. 腮腺导管
15. 面动脉　16. 下颌骨

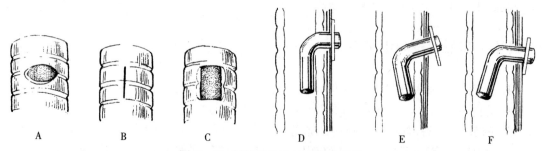

图 11 - 2　气管切开及气导管的安装
A. 圆形切开　B. 直线切开　C. 方形切开　D. 气导管正确安装　E、F. 气导管不正确安装

5. 术后护理　保持患病动物安静，防止摩擦术部。厩舍应温暖、通风和湿润。要经常检查气管导管装着情况，防止脱出或被黏液堵塞，如分泌物多，应每天取下导管清洗消毒一次。气管导管装着时间，可根据病情而定，如上呼吸道障碍已消除，即可去管。去管前，可先用手指或木塞堵塞气导管外口，以检查呼吸情况，观察确无异常时，即可取下气导管。切口一般行开放疗法直至痊愈。如气管切开术后安放气管导管时间短暂，呼吸道已畅通时，也可严密分层缝合肌肉和皮肤，以期达到第一期愈合。

五、注意事项

（1）切开气管软骨环时，要一次性切透，不能使黏膜剥离，以免术后带来并发症。

（2）气管的切口应尽量和气管导管大小一致。气管导管的位置必须装正。

（3）在切开气管的瞬间，动物可能发生咳嗽和短暂呼吸停止，为一时现象，不要惊慌。

（4）紧急情况下为挽救生命，可不消毒直接进行紧急手术。用手术刀一次切开直达气管软骨环，采用某一种方法，使气体流通，缓解呼吸困难。

（5）为防止尘埃经气管导管进入呼吸道，在气管导管外面覆盖纱布或有纱布的铁丝网。原发病痊愈后，除去气管导管，皮肤创可以不缝合。

实验十二

马腹壁剖开术与肠切开术

动物腹部疾病较多，有时需要进行腹壁剖开探查或对肠管进行切开等，如肠切开术、肠切断与吻合术、肠套叠整复术等。

一、实验目的与要求

（1）熟悉马匹腹部局部解剖结构及手术部位。
（2）掌握马匹腹壁剖开术术式及肠管切开术操作方法。

二、实验所需器材及药品

常规软组织手术器械，创巾，大纱布块，灭菌生理盐水，7号、10号、12号、18号丝线，缝合针；消毒药品、麻醉药品、保定用具等。

三、实验动物

马属动物（马、骡、驴）。

四、实验内容和方法

1. 保定　依动物安静程度、病情及手术目的而定。通常采用侧卧保定，也可站立或仰卧保定。

2. 麻醉　侧卧保定下施术采用全身麻醉，赛拉嗪每千克体重 0.5～2 mg 肌内注射（维持时间约 1.5 h），或用乙酰丙嗪每千克体重 0.02～0.05 mg 进行麻醉前给药，然后静脉注射 10％水合氯醛（每千克体重 50～80 mg）和硫喷妥钠（每千克体重 6～7 mg），维持麻醉期间需每千克体重追加 1～2 mg 硫喷妥钠。站立保定下施术采用腰旁或椎旁神经传导麻醉，也可采用局部浸润麻醉；站立保定时，不能行全身深麻醉。

3. 术部　马属动物腹部手术时腹壁切口部位因目的不同而异。胠部切口用于腹腔探查、小肠闭结、小结肠与骨盆曲闭结或扭转的排除等。左胠部切口最常用，优点是站立保定时切口位置较高，肠管不易涌出，缝合后切口张力小，不易形成切口疝或死腔。左肷部中切口，即在最后肋骨至髋结节水平线的中点向下 3～5 cm 处，做一平行于最后肋骨的 15～20 cm 的切口（图 12-1）。肋弓下斜切口，左侧用于左上、下大结肠手术，右侧用于胃状膨大部切开和盲肠手术（图 12-1）。腹下白线或白线旁切口用于广泛性大结肠闭结时行肠侧壁切开术、胸膈曲扭转整复术、小肠全扭转整复术和直肠破裂修补术等。

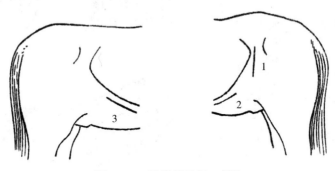

图 12-1 马腹侧壁切口部位
1. 左肷部切口 2. 左肋弓下斜切口 3. 右肋弓下斜切口

4. 术式 术部（以左肷部中切口为例）剃毛、消毒，铺有窗创巾隔离。用凸刃手术刀一次直线切开皮肤，长 15～20 cm，止血。用巾钳或缝线将两块小创布固定于两侧皮缘进行隔离。继续逐层切开皮肌及疏松结缔组织、腹黄筋膜、腹外斜肌。用刀柄钝性分离腹内斜肌（必要时也可切断），此处易遇到旋髂深动脉。沿肌纤维方向钝性分离腹横肌及腹横筋膜，显露腹膜外脂肪。此时应注意髂腹下神经和髂腹股沟神经。营养差的马匹腹膜外脂肪薄，腹横肌与腹膜紧密结合，做钝性分离或切开时勿伤及腹腔内肠管；肥胖的马匹可摘除一部分腹膜外脂肪。彻底止血后，术者左手持有齿镊夹住腹膜，轻轻摆动，以确信镊子夹持处的腹膜上没有任何脏器附着时，助手用弯止血钳距离齿镊旁 2 cm 处同样夹住腹膜，然后用刀在钳镊之间切一小口，术者将两手指（食指和中指）经小口插入切口，以防止继续切开腹膜时损伤腹膜下脏器，用手术剪扩大腹膜切口。腹膜切开后，用灭菌大纱布保护切口，并防止肠管突然从腹腔膨出。用拉钩将腹壁创缘牵开，准备取出肠管。

（1）小肠及小结肠侧壁切开法：

固定：将患部肠段小心拉出腹壁切口，用温生理盐水大纱布保护肠管并隔离腹腔。用两把肠钳将预定切开处两端闭合，以防止肠蠕动而使肠内容物经切口溢出（图 12-2A）。由助手举持使之与地面呈 45°角紧张固定。

切开：术者用手术刀在患部纵带上或对肠系膜侧，一次纵切肠壁全层，使切口平整，切口长度以便于取出粪结为宜（图 12-2B）。若局部肠管淤血明显，应小心将阻塞物推向后端健康肠管，从健康处切开以利缝合及愈合。

止血：肠壁切口出血，用温生理盐水纱布压迫止血，不可钳夹，以防挫灭组织。

取粪：助手自粪结两侧适当压挤，使之自动由切口滑入器皿，防止污染术部（图 12-2C）。用乙醇棉球消毒切口缘。

缝合：肠管第一层行全层连续缝合，缝合要确实。缝合完成后除去肠钳，检查有无渗液、漏气现象，若有则应补针缝合。用温生理盐水清拭缝合部。术者及助手重新洗手消毒，更换器械及敷料，转入无菌手术。再以温生理盐水冲洗肠管，行第二层连续伦勃特或库兴缝合（图 12-2D）。最后冲洗肠管及腹壁创面，还纳肠管，闭合腹腔。

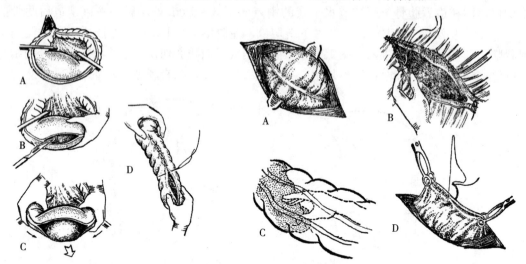

图 12-2　小结肠侧壁切开
A. 闭结点两侧用肠钳固定　B. 在纵带上做切口
C. 切口与地面呈 45°角，两手挤压粪团，
使其自动滑出　D. 切口双层缝合

图 12-3　胃状膨大部侧壁切开
A. 暴露胃状膨大部闭结点
B. 软橡胶洞巾连续缝合于肠壁切口上
C. 手进入切口取粪　D. 双层缝合肠壁切口

（2）大结肠及盲肠侧壁切开法：术部取左（右）侧肋弓下斜切口。基本方法与小肠及小结肠侧壁切开法相同。由于肠管体积大而移动性小，因此需要由助手辅助固定和缝合固定以保持肠壁贴于腹壁切口并不移动位置。对盲肠便秘，可将盲肠尖拉出切口，由助手把持固定。将肠壁浆膜肌层与腹壁切口缝合隔离后，周围填塞温生理盐水大纱布，沿盲肠纵带直线切开肠壁，向肠腔套入圆孔隔离巾，再取出粪结。对胃状膨大部及其他大结肠便秘，可由助手将手伸入腹腔，牵引结粪肠段至腹壁切口并紧贴而保持。将软橡胶洞巾连续缝合于肠壁切口上，手进入切口取粪，然后冲洗肠管创面，双层缝合肠壁切口（图 12-3）。最后还纳肠管，闭合腹腔。

腹壁缝合前应彻底检查腹腔有无血凝块及其他物品遗留。用 7 号丝线由切口下角起向上连续缝合腹横肌与腹膜，进针时可用手指垫起腹膜，以防误缝内脏。用 12 号丝线间断或连续缝合腹内斜肌与腹外斜肌，皮肤用 18 号丝线做结节缝合。最后涂布碘酊，装结系绷带。

5. 术后护理　术后置于保定栏内，装置腹带防止俯卧。从第二天开始牵遛运动，逐日增加运动量，每天运动 2～3 次，由最初的 30 min，逐渐增加到 2 h。术后可饮水，但不应过量。待患病动物肠音基本恢复并已排粪之后饲喂，其量宜少，根据情况逐渐达到正常量。术后注意全身和局部情况，特别是心率、呼吸及体温的变化。并着重观察排气情况（闭结手术）、有无腹痛症状、精神状态和饮水情况。

肠管手术后，是否解除腹痛症状，是手术成败的主要标志。术后腹痛再出现，可能是病变部肠管再阻塞或是肠管粘连。前者多在术后 1～2 d 内发生，后者多在术后 3～5 d 内突然出现；急性弥漫性腹膜炎，多在术后 1～2 d 内发生，根据腹肌状态、腹腔穿刺液变化、全身情况等来确诊。根据病情可预防性应用抗生素，如感染需确定病原菌，选择使用适当抗生素，并根据临床检查和实验室检查结果及时纠正水、电解质和酸碱平衡失调。

五、注意事项

（1）术前要做到正确诊断，选择最适当的手术部位。

（2）腹壁剖开术应在无菌条件下进行。肠侧壁切开的手术过程中注意区分清洁手术阶段和污染手术阶段。

（3）打开腹腔后，注意防止外物（器械、敷料、异物）进入腹腔。

（4）肠管不能在空气中暴露过久，为防止肠管组织干燥，可用浸有灭菌温生理盐水的纱布覆于肠管上。

（5）肠管需做连续内翻缝合，肠腔细小的肠管侧壁切口缝合时，要避免肠壁内翻过多而造成肠腔狭窄，继发肠梗阻。

（6）用肠钳闭合病变肠管两端时，不能夹持过紧，肠钳钳嘴可套上乳胶管，防止压坏肠壁。

（7）术后需等麻醉（全麻）状态消除后，方能离开。根据病情进行输液、强心和止痛等处理。

实验十三

离体肠管吻合术

肠管是动物消化系统中重要的器官，临床上常由饲养管理不良、环境温度不适、外力及自身消化机能障碍等因素导致肠梗阻、肠扭转、肠套叠，进而引发肠管坏死。肠管切除吻合术是肠管坏死的最有效治疗手段。此外，炎症穿孔、外伤或肠道肿瘤等病例也需要进行肠管吻合手术。本实验用离体肠管来模拟活体肠管，通过教师现场示范肠管缝合操作技术，并让学生动手反复练习，使学生掌握基本理论和方法并达到熟练操作的要求。

一、实验目的与要求

（1）了解肠壁的解剖结构。
（2）熟悉肠管吻合的基本方法和操作步骤。

二、实验所需器材及药品

手套、组织剪、线剪、持针钳、肠钳、无齿镊、缝合针和缝合线等。

三、实验动物

猪、羊、犬小肠。

四、实验内容和方法

1. 观察肠壁的组成　识别黏膜层、黏膜下层、平滑肌层、浆膜层。

2. 肠管处理　用两把肠钳同向夹持一段长 15～20 cm 的离体肠管，两把肠钳间的距离为 6～8 cm，于肠钳之间的肠管中点用直组织剪剪断肠管，助手扶肠钳将分开的两段肠管原位靠拢对齐，勿使肠管扭转。

3. 做牵引线　分别在两段肠管的系膜缘和对系膜缘、距断端约 0.5 cm 处，用 1 号丝线穿过两肠壁的浆肌层对合做牵引线，固定两段肠管，便于缝合的定位。

4. 缝合　第一层做全层连续缝合，用 1 号丝线缝合吻合口后壁内层，缝针由一侧肠腔内向肠壁外穿出，从另一侧肠壁外向肠腔内穿入，收紧缝线打结，使线结打在肠腔内，并保留线尾，暂不剪断。用带针的缝线做吻合口后壁全层连续缝合，边距、针距 2 ～3 mm，直到吻合口的另一端。注意每缝一针后，助手应将缝线拉紧。连续缝合到对侧时，针由肠腔内经肠壁向外穿出，接着行前壁全层连续缝合，缝合到最后一针时，将该线与吻合口后壁的线尾打结于肠腔内。

第二层做间断伦勃特缝合或库兴缝合，间断伦勃特缝合时第一针从系膜缘或对系膜缘开始，缝针距第一层缝线外缘 6 mm 处刺入，经浆肌层潜行，距第一层缝线外缘约 3 mm 处穿出，然后至对侧距第一层缝线外缘约 3 mm 处刺入，经浆肌层潜行，距第一层缝线外缘 6 mm 处穿出，打结缝线，肠壁浆肌层自然对合内翻。继续缝合下一针，针距 3～4 mm。前壁缝合完毕后，将肠管翻面使后壁朝上，以同样方法缝合后壁。每打结之前剪断上一针缝线。打结时需助手拉紧缝线使肠壁浆膜层内翻。浆肌层缝合也可采用连续伦勃特缝合方法。库兴缝合时第一针为间断垂直内翻缝合，但游离端不剪线，接着缝针从一侧肠壁浆肌层平行于肠管断端穿入穿出（针孔间距 3～4 mm），进针或出针距第一层缝线 3 mm，同样再到对侧肠壁的浆肌层穿入穿出，单侧肠管的针距为 3～4 mm，这样在两侧肠管上反复操作，完成一圈库兴缝合，最后一针与第一针游离线端打结于内翻缝隙中，剪线（图 13-1）。

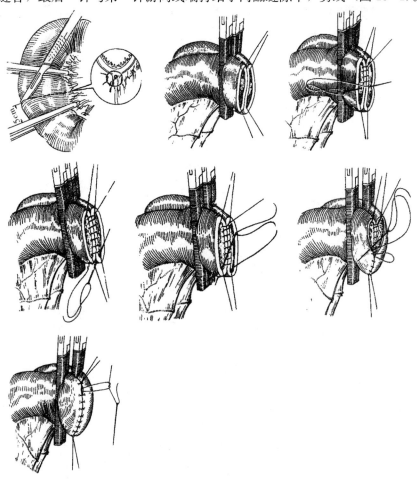

图 13-1　肠管的切开与端端吻合

5. 检查密封性 完成缝合后，松开肠钳。将肠钳夹住吻合后肠管的一端，将适量生理盐水灌注肠管内，用肠钳夹住另一端，用手轻轻挤压肠管，观察吻合口有无渗漏，并检查吻合口是否畅通及其直径大小。

五、注意事项

（1）肠吻合需用细缝合针进行操作，否则针孔过大，吻合口易漏液。

（2）浆肌层缝合必须包含黏膜下层，因为大部分肠管张力位于此处，但进针不能过深，以免缝合针穿透肠壁。

（3）不同的肠吻合方法均要求做到吻合处肠壁内翻和浆膜对合。当内翻缝合拉紧缝合线时，应将黏膜准确翻入肠腔，否则黏膜外翻将影响吻合口的愈合。要使浆膜面对合完好，缝合线须拉紧，避免吻合的肠壁间有间隙出现。

实验十四

瘤胃切开术

瘤胃切开术适用于牛、羊、鹿、骆驼等反刍动物前胃疾病的治疗。临床上严重瘤胃积食常因反刍动物采食大量难消化的饲料或采食大量的精料导致瘤胃机能紊乱而发病，可能需要手术治疗。过食或误服有毒饲料、牧草，在可能达到或超过致死量时可行早期瘤胃切开术。泡沫性瘤胃臌气、慢性瘤胃臌气，保守疗法无效时可进行瘤胃切开术。当误食金属尖锐异物后造成创伤性网胃心包炎，可行瘤胃切开取出异物。动物误食异物引起瓣胃阻塞或机能障碍时，可行瘤胃切开术。

一、实验目的与要求

（1）掌握瘤胃切开术的无菌手术操作方法。
（2）掌握瘤胃及各层组织的缝合方法。

二、实验所需器材及药品

常规手术器械、一次性手术服、口罩、手术帽、灭菌创巾及纱布、盐酸赛拉嗪（速眠新Ⅱ）或静松灵、普鲁卡因、尼可刹米、青-链霉素、生理盐水、新洁尔灭、碘酊、乙醇等。

三、实验动物

牛、羊。
术前严格检疫，并根据腹压情况禁食 24～48 h，禁水 4～6 h。

四、实验内容和方法

1. 保定　右侧卧保定，头颈部及四肢保定牢固。
2. 麻醉　肌内注射盐酸赛拉嗪或静松灵注射液，给药量为每千克体重 0.01～0.015 mL（参考量），配合 0.5%～1% 普鲁卡因进行术部直线浸润麻醉。

3. 术部处理　左侧肷部剪毛，除毛范围上至腰椎横突，下至膝关节水平线，前至最后肋骨，后至髋结节垂直线。术部用肥皂水擦洗，清水冲洗，5％碘酊消毒，75％乙醇脱碘；消毒时注意先中心后四周涂擦。术部隔离可铺手术创巾，并用创巾钳固定确实。

4. 手术

（1）切口选择：在肷中部，即左侧髋结节与最后肋骨连线中点，羊瘤胃切开时切口上端在腰椎横突下方 3～4 cm，牛在腰椎横突下方 6～8 cm，垂直向下切开皮肤 10 cm 为手术切口。

（2）术式：切开皮肤，切开（或钝性分离）腹外斜肌、腹内斜肌和腹横肌，小心切开腹横肌筋膜，皱襞（外向）切开腹膜，术中根据实际情况合理采取压迫、钳夹、结扎等止血方法。将部分瘤胃拉出腹壁切口外，在切口上下角与周缘，用线穿过瘤胃浆膜肌层做四针悬吊法，为防止污染腹腔，在胃壁和皮肤切口创缘之间，填塞灭菌温生理盐水纱布。在瘤胃切开线的上 1/3 处先用手术刀刺透胃壁（进入污染手术），用两把舌钳立即夹住胃壁的创缘，向上向外提起，如胃内液体量多可抽吸，用手术刀或剪扩大瘤胃切口至 8 cm，用舌钳固定胃壁创缘并提起，手（或借助工具）入胃内，取出部分瘤胃内容物，之后进

行相关治疗等操作。完毕后，助手将瘤胃切口缘修整并合拢对齐，术者首先进行瘤胃壁切口第一层缝合，采用直圆针全层连续缝合方法，针距在羊为 5 mm、牛为 10 mm，用生理盐水清洗瘤胃壁，此时进入无菌手术，手术人员需重新洗手消毒，污染的器械不许再用，然后再行瘤胃壁切口第二层库兴缝合。缝合结束拆除四针固定线和隔离纱布，再用生理盐水彻底清洗瘤胃壁与腹壁创缘污物，用灭菌纱布吸干，保持创巾干燥。瘤胃还纳腹腔。连续缝合腹膜、腹横肌。结节缝合腹内斜肌和腹外斜肌，皮肤结节缝合，用碘酊消毒，打结系绷带保护创口（图 14-1）。

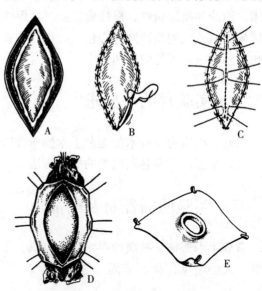

图 14-1　瘤胃切开与缝合
A. 左肷部中切口，分层切开各层组织，充分显露瘤胃
B. 瘤胃壁浆膜肌层与皮肤创缘连续缝合
C. 在胃壁切开线两侧各做 3 个预置水平纽扣缝合线
D. 切开瘤胃壁抽紧预置缝合线，使黏膜外翻
E. 弹性环橡胶洞巾

5. 术后护理　术后动物未苏醒可注射催醒药物，人为辅助动物站立，确保安全。肌内注射抗生素注射液 3～5 d。手术 24 h 后方可采食，不限饮水，饲喂易消化饲料或饲草，让动物处于安静、清洁的环境。

五、注意事项

（1）大动物肢蹄蹬踏容易伤人，需保定确实。

（2）术中瘤胃隔离方法也可采用六针或瘤胃壁浆肌层与皮肤连续缝合方法，瘤胃第二

层缝合做间断伦勃特缝合，可达到同样目的。

（3）瘤胃壁切开至完成瘤胃壁第一层缝合为污染手术，此期间所使用手术器械在后段手术中不可再使用。

（4）大动物皮肤层较厚，在缝合时进针和出针需适当用力，可采用握式方法使用持针器。

实验十五

尿道切开术与造口术

本手术适用于动物尿道结石、异物，或者其他原因造成的尿道闭塞或者排尿困难。

一、实验目的与要求

（1）熟悉大动物（牛）以及伴侣动物（犬）尿道和阴茎的局部解剖。
（2）掌握尿道切开术和造口术的手术方法。

二、实验所需器材及药品

常规手术器械包、导尿管、碘酊、乙醇、新洁尔灭、生理盐水、抗生素、舒泰 50、3％和 1％普鲁卡因、地塞米松等。

三、实验动物

牛、犬。

四、实验内容和方法

1. 保定　大动物站立保定，对两后肢适当进行控制；或采用右侧卧位保定，左后肢前方转位。小动物仰卧保定。

2. 麻醉

（1）大动物采用荐尾硬膜外麻醉或者阴茎背侧神经传导麻醉，同时配合局部浸润麻醉。

（2）小动物采用全身麻醉。

3. 术式　在术野消毒完毕，覆盖创巾。先行插入导尿管指示尿道位置。在会阴正中线处切开皮肤，大动物长 10～15 cm（图 15 - 1），小动物长 3～4 cm，钝性分离皮下组织，分离阴茎缩肌。切开尿道海绵体和尿道黏膜，冲洗后，将导尿管继续插入膀胱，放出膀胱内尿液。在导尿管支撑下缝合尿道。用细铬肠线连续缝合尿道黏膜和尿道海绵体，阴茎周围筋膜也用肠线紧密缝合，避免造成死腔，皮肤用丝线结节缝合。如进行尿道造口，则将两侧的尿道黏膜与尿道海绵体，分别与同侧皮肤切口连续缝合，缝合要密，针针拉紧，再常规缝合其他组织。术后创口用碘酊消毒。

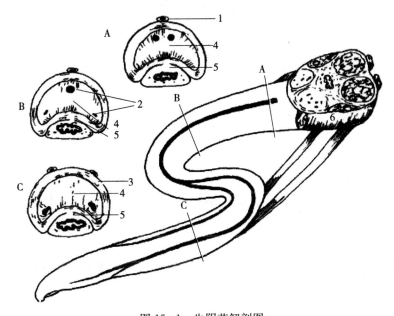

图 15-1　牛阴茎解剖图

A、B、C 表示三个断面及其位置

1. 阴茎动脉　2. 阴茎深部血管　3. 白膜　4. 阴茎海绵体　5. 尿道海绵体　6. 坐骨海绵体

4. 术后护理　打上尾绷带，并将尾拉向体侧加以固定，防止感染。如施行尿道切开术，术后需保留导尿管 5～7 d，待局部炎症消退后，拔出导尿管。术后给予足够的饮水或者利尿药，以保证尿道畅通。可给予抗生素、抗炎药控制感染和炎症发展，促进伤口愈合。

五、注意事项

（1）大动物肢蹄蹬踏容易伤人，需保定确实。

（2）术后要留置导尿管，防止尿液对伤口的污染。

（3）术后要每天消毒尿道切口，防止感染。

（4）每天检查动物排尿情况，出现异常及时检查并治疗。

实验十六

马去势术

公马去势最好在 2~4 岁实施。年龄过小，则体格发育尚未完成，去势后会影响发育；年龄过大，则因精索太粗，术后容易发生出血和慢性精索炎，且行为习惯业已形成，术后性情改变缓慢，对饲养管理和调教都不利。去势术一年四季均可进行，但以春末秋初和晚秋最为适宜。

一、实验目的与要求

掌握公马去势术的适应证、术式、术后护理及相关注意事项。

二、实验所需器材及药品

大动物倒卧保定台或室外宽敞的场地。重症监护仪，多功能呼吸机，自动分析心电图机，甲种、乙种手术器械包，固定钳，捻转钳，锉切钳，抗生素，生理盐水，葡萄糖注射液，尼可刹米，地塞米松等。

三、实验动物

未去势的公马。

四、实验内容和方法

1. 术前检查 手术前应对马匹进行仔细全身检查和局部检查。

全身检查时应检查其体温、心率、脉搏、呼吸是否正常。如有明显异常，应先治疗相关疾病或待恢复正常后再进行去势术。必要时，应做血常规、血液生化及粪便和尿液检查。在传染病流行时，也应暂缓去势。骨软症的马在倒马时容易发生骨折，必须引起重视。阴囊的局部检查应注意两侧睾丸是否均降入阴囊内，有无隐睾存在；是否有阴囊疝；两侧睾丸、精索与总鞘膜是否发生粘连；两侧睾丸有无升温、疼痛、增生等病理变化。腹股沟内环的检查应通过直肠进行以确定腹股沟内环的大小；内环能插入 3 个手指指端者，即为内环过大，去势时肠管有从腹股沟管脱出的危险，为预防肠管脱出，应采取被睾去势法。此外，还应检查鞘膜有无积水、睾丸及精索与鞘膜有无粘连等，以及局部有无其他影响去势效果的病理变化。

2. 术前准备　去势前两周左右应注射破伤风类毒素，或手术当日注射破伤风抗毒素。术前 12 h 禁饲，不限饮水。术前应对动物体表进行充分刷拭。可选在露天场地进行手术，但应选择沙地或草地，清扫地面并喷洒消毒液，以免手术时尘土飞扬，污染术部。准备好保定绳及附属用品，如铁环、别棍、手术器械和药品等。待动物保定好后，对阴囊及会阴部进行彻底清洁与消毒，并打尾绷带，以防马尾污染阴囊部切口。

3. 保定　露天场地去势时应进行倒马，并施行左侧卧保定，把左后肢与两前肢捆在一起，右后肢向前方转位，并与颈部的倒马绳固定在一起。

4. 麻醉　局部浸润麻醉或做精索内神经传导麻醉。但对性情暴躁的马需全身麻醉。

5. 术式　据去势时是否切开总鞘膜，可分为开放式露睾去势法和被睾去势法两种。

（1）开放式露睾去势法：

①固定睾丸。术者在马的背腰侧俯蹲于马的腰臀部，左手握住马的阴囊颈部，使阴囊皮肤紧张，充分显露睾丸的轮廓，并使两睾丸与阴囊缝际平行排列，确实固定，防止偏移。如用手固定睾丸有困难时，可用灭菌的结扎带绑扎阴囊颈部固定睾丸。

②切开阴囊及总鞘膜显露睾丸。在阴囊缝际两侧 1.5～2.0 cm 处平行缝际切开阴囊及总鞘膜，切口长度以睾丸能自由露出为度。若睾丸与鞘膜粘连，应仔细分离粘连部。先切开上方（右侧）的睾丸，再切下方（左侧）的睾丸。切开时，若切口过小、切口歪斜、切口过高、切口内外不一致等，都会影响创液的排出，不利于预防切口感染和创口愈合。

③剪开阴囊韧带，撕开睾丸系膜露出睾丸后，术者一手固定睾丸，另一手将阴囊和总鞘膜向上推，在附睾尾上方找到附睾尾韧带，由助手用手术剪紧贴附睾尾侧剪断，术者手顺着剪口向上分离撕开睾丸系膜，睾丸即下垂不再缩回（图16-1）。

④除去睾丸有以下几种方法：

结扎法：术者左手将总鞘膜和皮肤向腹壁方向推动，右手适当地向下牵引睾丸，以充分显露精索。在睾丸上方 6～8 cm 处的精索上，用弯圆针系10 号丝线进行单纯贯穿结扎，结扎精索的结扣要求确实打紧，为此，在第一结扣系紧后，助手用止血钳立即将结扣夹住，术者再打第二结扣，在第二结扣打紧的瞬间，助手迅即将止血钳撤除，这种操作可防止结扣的松脱。在结扎线的下方 1.5～2.0 cm 处切断精索。在确定精索断端不出血后

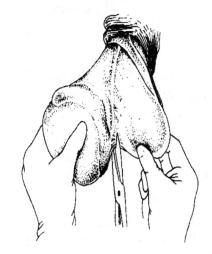

图 16-1　剪开附睾尾韧带，分离睾丸系膜

用碘酊消毒，将精索断端缩回鞘膜管内。该法的优点是安全、迅速、止血确实；其缺点是如缝合线消毒不确实，无菌操作不严格，易发生精索感染，甚至形成精索瘘。

捻转法：充分显露精索后，先用固定钳（图 16-2A）在睾丸上方 6～8 cm 处的精索上紧靠腹壁垂直地钳住精索（注意不要把阴囊皮肤夹在里面），确实固定后，助手在距固

定钳下方 2～4 cm 处装好捻转钳（图 16-2B），慢慢地从左向右捻转精索，由慢渐快直至完全捻断，但不可强行拉断。断端用碘酒消毒，缓慢地除去固定钳。用同样的方法捻断另一侧精索，除去睾丸。该法安全可靠，止血确实，对精索较粗的马尤为适宜。

锉切法：充分显露精索后，先在精索上装好固定钳，再紧靠固定钳装锉切钳（图 16-2C），钳嘴应与精索垂直，"锉齿"向腹壁侧，"切刀"向睾丸侧。然后逐渐加大压力，徐徐紧闭钳嘴，锉断精索。断端涂碘酊，经过 2～3 min 取下锉切钳和固定钳。再按同样的操作方法去掉另一侧睾丸。该法切口容易愈合，对 2～4 岁精索较细的马止血效果确实，但对精索较粗的老马，止血常不够理想，容易引起术后出血。

捋断法：充分显露精索后，术者左手抓持睾丸，使精索处于半紧张状态，右手拇指、中指和食指夹住精索，用拇指和食指的指端反复地刮捋精索，经过反复地刮捋以后，精索逐渐变细变长，直至精索被刮断。此法术后不易引起感染，但对老龄和精索较粗的马，常止血不够确实，容易引起术后出血。

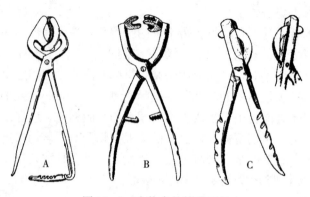

图 16-2 去势术的特殊工具
A. 固定钳 B. 捻转钳 C. 锉切钳

（2）被睾去势法：当腹股沟管内环过大，露睾去势有发生肠脱出危险时，或对患有阴囊疝的马进行去势时，可采用此法。该法只切开阴囊皮肤和肉膜而不切开总鞘膜，用钝性分离的方法将总鞘膜与阴囊外层剥离，摘除睾丸的同时将总鞘膜一同切除。

①结扎法。适用于精索较细的 3～4 岁的公马。在阴囊底部距阴囊缝际 2 cm 处，与缝际平行分层切开阴囊皮肤和肉膜，显露总鞘膜。阴囊皮肤固定得越紧张，则切开阴囊皮肤和肉膜后总鞘膜显露越容易。必要时可用手术刀或手术剪进行剥离，直至将总鞘膜和肉膜完全分离开，并尽量向上剥离，充分显露被有总鞘膜的精索。用 10 号丝线贯穿结扎总鞘膜和精索，在结扎线下方 1.5～2.0 cm 处切断总鞘膜和精索，去掉睾丸。

②榨木去势法。用消毒的榨木（一端用绳扎住）在被有总鞘膜的睾丸上方 6～8 cm 的精索处垂直夹住总鞘膜与精索，然后用固定钳（图 16-3）闭合榨木未被扎住的端，使总鞘膜和精索被压成片状，将榨木的这一端用绳扎紧加以牢固地固定，最后在榨木下方 2～2.5 cm 处切断总鞘膜和精索，断端涂以碘酒。榨木可在 3～4 d 后取下，如用在阴囊疝治疗时，可在 7～10 d

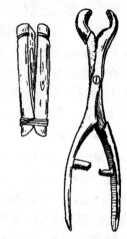

图 16-3 榨木及固定钳

后取下。

6. 术后护理　术后 3～4 h 内将马拴系在安静场地，防止马卧地。注意观察术后有无出血和腹腔内容物脱出。上述两种情况多在术后 1～4 h 内发生，也有的出血发生在术后 36～48 h（由于血凝块的溶解，血管断端再出血）。

五、注意事项

（1）从术后第二天起，每日早晚检测马的体温并牵遛运动 30～40 min，在此期间严禁骑乘运动和接近母马。一周后可延长牵遛运动时间，10 d 后即可转入正常的饲养与使役。

（2）术后注意镇痛、抗菌、消炎，防止破伤风发生。

（3）一旦出现术后大出血，必须立即倒卧保定后找到出血断端，进行确实结扎。

公猪去势术和母猪卵巢摘除术

小公猪于 1～2 月龄，体重 5～10 kg 时去势最为适宜。大公猪则不受年龄和体重的限制。在传染病流行期或阴囊及睾丸有炎症时可暂缓去势，对阴囊疝可结合被睾去势进行治疗。母猪卵巢摘除术分为小母猪小挑花术和大母猪的卵巢（子宫）摘除术。

一、实验目的与要求

掌握公猪去势术和母猪卵巢摘除术的操作方法和有关注意事项。

二、实验所需器材及药品

小挑刀（骟猪刀）、常规开腹手术器械、抗生素、生理盐水、肾上腺素、地塞米松、缝针缝线等。

三、实验动物

未去势的公猪和母猪。

四、实验内容和方法

1. 公猪去势术

保定：左侧卧，背向术者。小公猪可由术者用左脚踩住颈部、右脚踩住尾部；大公猪需要用绳索将前后肢进行捆绑保定。

麻醉：可不麻醉。

术式：

（1）小公猪去势术：术者用左手腕部按压猪右后肢股后，使该肢向上紧靠腹壁，以充分显露两侧睾丸。用左手中指、食指和拇指捏住阴囊颈部，把睾丸推挤入阴囊底部，使阴囊皮肤紧张，将睾丸固定。右手持刀，在阴囊缝际两侧 0.5～1.0 cm 处平行缝际切开阴囊皮肤和总鞘膜，显露出睾丸，左手握住睾丸，食指和拇指捏住阴囊韧带与附睾尾连接部，剪断或用手撕断附睾尾韧带，向上撕开睾丸系膜，左手把韧带和总鞘膜推向腹壁，充分显露精索后切断或用撧断法去掉睾丸，然后按同样操作方法去掉另一侧睾丸。切口部碘酊消毒，切口不缝合（图 17 - 1）。

　　（2）大公猪去势术：在阴囊缝际两侧 1.0～1.5 cm 处平行缝际切开阴囊皮肤和总鞘膜，切断附睾尾韧带，撕开睾丸系膜后充分显露精索，用结扎法除去睾丸。皮肤切口一般不缝合（图 17 - 2）。

图 17 - 1　小公猪去势术

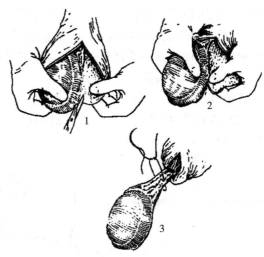

图 17 - 2　大公猪去势结扎法
（1～3 为操作步骤）

2. 母猪卵巢摘除术

　　（1）小挑花术：即小母猪的卵巢子宫切除术。本法适用于 1～3 月龄、体重 5～15 kg 的小母猪。术前禁饲 8～12 h，选择清洁的场地和晴朗的天气进行，用小挑刀进行手术（图 17 - 3）。

图 17 - 3　小挑刀
A. 正面观　B. 侧面观

　　保定：使猪头部在术者右侧，尾部在术者左侧，背向术者保定。当猪头部右侧着地后，术者右脚立即踩住猪的颈部，脚跟着地，脚尖用力，以限制猪的活动，与此同时，将猪的左后肢向后伸直，肢背面朝上，左脚踩住猪左后肢跖部，使猪的头部、颈部及胸部侧卧，腹部呈仰卧姿势。此时，猪的下颌部、左后肢的膝关节部至蹄部构成一斜向直线，并在膝前出现与体轴近似平行的膝皱襞。术者可双脚分开并半蹲（马步姿势），使身体重心落在两脚上，小猪则被确实固定。

　　麻醉：不麻醉。

　　手术切口定位：准确的切口定位是小挑花术成功的关键。目前常用的切口定位方法有左侧髋结节定位法和左侧荐骨岬定位法两种。

　　左侧髋结节定位法：术者以左手中指顶住左侧髋结节，然后以拇指压迫同侧腹壁，向中指顶住的左侧髋结节垂直方向用力下压，使左手拇指所压迫的腹壁与中指所顶住的髋结节尽可能接近，使拇指与中指连线与地面垂直，此时左手拇指指端的压迫点稍前方即为术部。相当于髋结节向左列乳头方向引一垂线，切口在距左列乳头缘 2～3 cm 处的垂线上。

由于猪的营养、发育和饥饱状况不同，切口位置也略有不同。猪营养良好、发育早，子宫角也相应增长快而粗大，因而切口也应稍偏前，猪营养差、发育慢，子宫角也相应增长慢而细小，因而切口可稍偏后；饱饲而腹腔内容物多时，切口可稍偏向腹侧，空腹时切口可适当偏向背侧。即所谓"肥朝前、瘦朝后、饱朝内、饥朝外"，要根据具体情况灵活掌握。

左侧荐骨岬定位法：最后腰椎窝与荐椎结合处的左侧荐骨岬在椎体的腹侧面形成一个小隆起，它可以作为定位标志。将小母猪保定后，将膝皱襞拉向术者，俗称"外拨膝皱襞"，然后在膝皱襞向腹中线引的一条假想垂线上，距左侧乳头 2～3 cm 处，术者左手拇指尽量沿腰肌向体轴的垂直方向下压，探摸"隆起"，俗称"内摸隆起"，左手拇指紧压在隆起上，此时拇指端的压迫点为术部。

猪的日龄不同，切口位置稍有不同。20～30 日龄的小猪（体重在 5 kg 以内），切口应向后方移动 3～5 mm，1～2 月龄的小母猪（体重在 5～12 kg），切口在"隆起"处（图 17-4）。

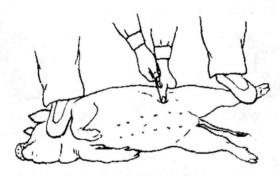

图 17-4　小挑花术的保定及切口定位

术式：

1）切透腹壁：术部消毒后，将皮肤稍向术者方向（外剥）牵引，再用力下压腹壁，下压力量越大，就离子宫角越近，则手术更容易成功。术者右手持小挑刀，用拇指和食指控制刀刃的深度，切口与体轴方向平行，用刀垂直切开皮肤，当刀一次切透腹壁各层组织时，可有刀下阻力突然消失的空虚感，随之腹水从切口涌出，停止运刀。在退出小挑刀时，将小挑刀旋转 90°，以开张切口，子宫角随即自动涌出切口。一次切透腹壁，子宫角随即涌出切口者称为"透花法"或"帽花儿"。

一刀切透腹壁各层组织时，若下刀用力过猛，下刀过深，则易刺破腹腔脏器及髂内外动脉和旋髂深动脉及静脉，为避免此种情况的发生，术者在切开皮肤后，将下压腹壁的左手拇指向上轻提，刀尖再往下按即可切透腹肌和腹膜。一旦切透腹膜，腹水和子宫角瞬间从切口自动涌出。若子宫角不能自动涌出，可将小挑刀柄伸入切口，使刀柄钩端在腹腔内呈前后划动，子宫角可随刀柄的划动而涌出切口，或用柄钩将子宫角勾出。

2）摘除子宫角及卵巢：当部分子宫角涌出切口后，术者左手拇指仍用力下压腹壁切口边缘，不要过早抬手，以免子宫角缩回腹腔。术者右手拇指、食指捏住涌出切口的部分子宫角，并用右手拇指、中指和无名指背部下压腹壁，以替换下压腹壁切口的左手拇指。再用左手拇指、食指捏住子宫角，手指背部下压腹壁，两手交替地导引出两侧子宫角、卵巢和部分子宫体。用两手其他三指的第一、二指节的侧面交换压迫腹壁切口，再用两手拇指、食指交替导引出两侧子宫角、卵巢和部分子宫体。在用手指钝性挫断或用小挑刀切断子宫体后，术者两手抓住两侧子宫角、卵巢，撕断卵巢悬韧带，将子宫角、卵巢一同摘除。切口不缝合，碘酊消毒后，术者提起猪的后肢使猪头下垂，并稍稍摆动一下猪体后松解保定，让猪自由活动。

（2）大母猪的子宫卵巢摘除术：应从腹侧壁肷窝部打开腹腔，单独摘除卵巢或子宫卵巢一起摘除，要分别在卵巢系膜和子宫体做贯穿结扎，防止断端滑脱引发大出血。触摸子宫角与肠管的区别：肠管比较空虚，易压扁；子宫角比肠管硬实，不易压扁。

五、注意事项

手术中要防止出现的几个问题。

1. 子宫角不能自动涌出　由于运刀无力，仅切透了皮肤和肌肉，而腹膜没有切透，没有见到腹水涌出，子宫角就无法涌出。刚喂饱的猪，腹内压大，子宫角常被充满食物的肠管挤到右侧腹腔或骨盆深处，虽然已切透了腹膜，但仍不见子宫角涌出，在这种情况下，术者一方面用左手拇指用力下压腹壁，一方面用小挑刀柄伸入切口，将肠管向前方划动，给子宫角涌出创造条件。子宫角不能涌出的原因还有：①保定方法不正确，或在手术过程中由于猪的骚动，保定位置发生了改变；②切口位置不正确、创口内外不一致、术者左手下压无力、手脚配合不当等。

2. 切口位置不当，切透腹膜后自动涌出膀胱圆韧带和肠管　首先应注意识别。自切口自动涌出膀胱圆韧带的原因多为切口偏后，术者用小挑刀柄将其还纳，将左手拇指抬起重新按压，使切口位置向前移动，以利子宫角的涌出。自切口自动涌出肠管的原因多为切口位置偏前，应立即用刀柄将肠管还纳回腹腔，左手拇指重新按压切口，并尽量使切口位置向后移，使切口的位置接近子宫角的位置，以便子宫角涌出。

3. 卵巢遗留在腹腔　当子宫角从切口涌出后，用两手导引两侧子宫角和卵巢时，没能遵循下压腹壁迫使子宫角涌出的原则，而是用力向外牵引子宫角。小母猪子宫角细而柔嫩，很容易将左侧子宫角拉断，而将左侧卵巢及右侧子宫角及卵巢遗留在腹腔，这是造成俗称"茬高"或"留茬猪"的原因。此种情况发生后，应停止手术，待猪的卵巢发育较大后，用腹白线切开法取出卵巢。

4. 防止切破腹腔器官的操作方法　术者用右手食指、拇指控制刀刃的深度，在猪嚎叫时（此时腹肌紧张）运刀刺透腹壁各层组织。另外，在确定好切口位置后，拇指尽量下压腹壁切口，使茬腹侧与腹壁之间没有任何器官，运刀位置没有肠管，只要入刀不是过深，就不会刺破髂内外动脉和旋髂深动脉。手术中一旦有大出血时，应立即停止手术，寻找出血部位，并用大的灭菌纱布块填塞止血。

犬胃切开术、幽门切开术

小动物胃切开术常用于以下情况：胃内异物取出、胃内肿瘤切除、急性胃扩张-扭转治疗时采取的胃部整复减压及坏死胃壁的切除、胃严重溃疡灶切除、慢性胃炎或食物过敏时胃壁活组织检查等。

幽门切开术适应证：幽门痉挛、先天性或后天性幽门狭窄、幽门闭塞、幽门部肌层中等程度肥大、黏膜增厚等。

一、实验目的与要求

(1) 了解胃切开术的适应证，掌握胃切开术的一般方法。
(2) 了解幽门切开术的适应证，掌握幽门切开术的手术方法。

二、实验所需器材及药品

恒温手术台，无影手术灯，负压吸引器，水浴锅，剃毛器，3 号手术刀柄，圆手术剪，剪线剪，持针器，手术镊，巾钳，组织牵开器，止血钳，组织钳，保定绳，气管插管，一次性注射器，无菌手术衣、口罩、手术帽、手套等，创巾，10 号刀片，直针或 1/4 小圆针，1/4 三角针，4/0 或 2/0 可吸收缝线，3/0 非可吸收缝线等。丙泊酚、异氟醚或速眠新 II、乙醇棉球、碘酒棉球、生理盐水、青霉素、链霉素等。

三、实验动物

犬，猫等。

四、实验内容和方法

1. 术前准备　包括术前诊断及术前用药。查明病史，根据临床症状及影像学检查（如 X 线检查、B 超检查）等结果，评估手术耐受程度。若为非紧急手术，则常规准备并术前禁食 12～24 h；对急性胃扩张-扭转的病例，术前必须补充血容量和调整水电解质酸碱平衡；胃压过大，可先进行胃部插管导出胃部的气体、液体及食物，减轻胃部压力；对出现休克的病例，则先按照休克治疗的原则及方法进行纠正，待患病动物生理状态恢复后再行手术。

2. 麻醉 患病动物仰卧保定，实行全身麻醉，可采取下法之一进行。

（1）吸入式全身麻醉：以丙泊酚进行诱导麻醉，再进行气管插管，接通吸入式麻醉机，先以 2%～4%浓度快速吸入，3～5 min 后以 1.5%～2%的浓度维持麻醉。

（2）非吸入式全身麻醉：根据动物体重计算速眠新注射剂量，肌内注射进行全身麻醉。

3. 术式

显露与隔离：在脐前方沿腹正中线实施开腹术。沿正中线切开后，在创口处插入扩张器。将胃或幽门牵引至创口处，用温生理盐水浸泡过的纱布沿创口边缘将胃和腹壁隔开。

胃手术：根据手术目的确定切口的大小，如果是为切开，在胃大弯与胃小弯之间选择血管较少的区域确定预切线，沿预切线实施全层切开。切开时，先用手术刀在预切线切一小口，再改用圆手术剪继续扩大切口（图 18‑1）。对胃切开后外翻凸出胃壁切口的胃黏膜可适当切除。胃壁切开后清除胃内容物，再进行相应的操作，例如胃内异物的取出，胃内部检查，肿瘤、溃疡、坏死胃壁等的切除等。先将黏膜及黏膜下组织以 4/0～0 可吸收缝线进行连续内翻缝合（图 18‑2）。闭合黏膜层后，清除术野内的血凝块及污物，手术人员重新洗手消毒、更换手术器械，继续以上述可吸收缝线对浆膜肌层进行水平或垂直连续内翻缝合（图 18‑3）。拆除牵引线，去除隔离纱布，清洗术部及腹腔残留的污物及血凝块，依次闭合腹膜、各层肌肉及皮肤。闭合的腹壁切口以碘酒棉球消毒，并打结系绷带。

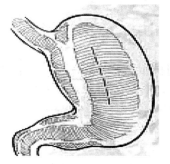 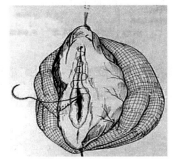 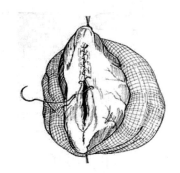

图 18‑1 选择胃部血管　　　　图 18‑2 切口进行连续　　　　图 18‑3 胃壁进行第二层
　　　较少区域切开　　　　　　　内翻缝合　　　　　　　　　内翻缝合

幽门手术：在幽门凹陷部，选择血管较少区域沿长轴切开胃幽门部（图 18‑4）。依次按照浆膜层、肌层的顺序切开，暴露黏膜层。以钝性分离的方法将肌层与暴露的黏膜层分离开，直至将黏膜层充分暴露于外侧（图 18‑5）。幽门成形术时，在幽门凹陷部选择血管较少区域沿幽门长轴切开幽门部。切开时，依次按照浆膜层、肌层、黏膜层的顺序全层切开。在创口两侧设置牵引线，垂直于切口横向扩张切口，结节缝合两侧创缘，缝合时先对合创缘的中点固定缝合（图 18‑6），再依次将对合的创缘结节缝合。如果是幽门 Y‑U 皮瓣幽门成形术，在靠近幽门部的胃壁至幽门部末端范围实施 Y 形全层切开（图 18‑7），按照浆膜、肌层、黏膜的顺序依次切开。以 Y 形切开后形成游离皮瓣，牵引该皮瓣的顶端与幽门切口的末端对接定位缝合一针（图 18‑8），然后以可吸收缝线采取结节缝合的方法将形成的 U 形胃壁瓣和创缘缝合（图 18-9）。缝合时从胃小弯的一侧胃壁开始，后缝合胃大弯一侧胃壁。

将胃整复还纳于腹腔，依次缝合腹膜、肌层及皮肤。

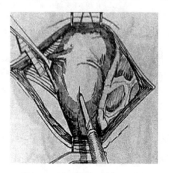

图 18-4　沿长轴切开胃
幽门部

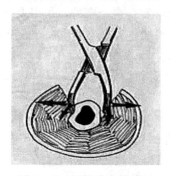

图 18-5　钝性分离黏膜层

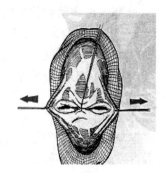

图 18-6　胃幽门切口
定位缝合

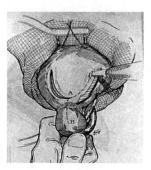

图 18-7　Y 形切开胃
幽门部

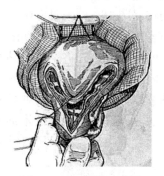

图 18-8　Y 形切口定位
缝合

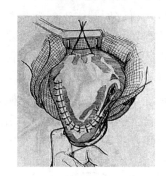

图 18-9　切口 U 形闭合

4. 术后护理　术后动物应佩戴伊丽莎白项圈，连续使用抗生素 5 d。术后 24 h 内严格禁食，限制饮水。24 h 后，给予少量流食（如牛乳、肉汤等），正常饮水。术后 3 d，按照少量多次的原则可给予软的易消化食物。术后 7～14 d 拆线。

五、注意事项

（1）若手术动物为犬，腹腔暴露后应切除镰状韧带，避免术后造成大片粘连影响术部愈合。

（2）一般采取腹正中线切口，若采用腹旁切口则应注意避开剑状软骨旁侧，避免误伤膈肌而造成气胸。

（3）幽门手术的目的是扩大幽门部的内腔，因此手术采用沿幽门长轴纵向切开再垂直于长轴横向缝合的方法。

（4）分离幽门肌层及黏膜层时操作要仔细谨慎，避免黏膜穿孔。若发现黏膜层有溃疡穿孔，可在幽门部做一皮瓣缝合覆盖于穿孔处。

（5）胃部手术前后都应密切关注机体水盐代谢及酸碱平衡的情况。

（6）术后动物可能伴有呕吐症状，可口服止吐剂（如甲氧氯普胺等）或止酵剂进行治疗。

膀胱切开术

膀胱切开术常用于膀胱结石等异物的取出和息肉、肿瘤等的切除。

一、实验目的与要求

(1) 了解膀胱切开术适应证。
(2) 掌握膀胱切开与缝合的方法。

二、实验所需器材及药品

负压吸引器，水浴锅，剃毛器，3 号手术刀柄，圆手术剪，剪线剪，持针器，手术镊，巾钳，组织牵开器，止血钳，组织钳等。保定绳，气管插管，导尿管，一次性注射器，无菌手术衣、口罩、手术帽、手套等，创巾，10 号刀片，直针或 1/4 小圆针，1/4 三角针，4/0 或 2/0 可吸收缝线，3/0 非可吸收缝线，吸水性敷料等。丙泊酚、异氟醚或速眠新Ⅱ、乙醇棉球、碘酒棉球、生理盐水、青霉素、链霉素等。

三、实验动物

犬、猫等。

四、实验内容和方法

1. 术前准备　术前禁食 12～24 h，施行导尿术排空尿液。
2. 麻醉　动物仰卧保定，身体下铺设吸水性敷料。实行全身麻醉，可选择下法之一进行。
(1) 吸入式全身麻醉：以丙泊酚进行诱导麻醉，再进行气管插管，接通吸入式麻醉机，先以 2％～4％浓度快速吸入，3～5 min 后以 1.5％～2％的浓度维持麻醉。
(2) 非吸入式全身麻醉：根据动物体重计算速眠新注射剂量，肌内注射进行全身麻醉。

3. 术式 母犬选择脐后方沿尾侧腹正中线切开实施开腹术，公犬则选择阴茎右侧皮肤切口或腹白线切口。显露膀胱，将膀胱周围小心覆盖浸有温生理盐水的纱布。于浆膜肌层设置 4 根牵引线，使膀胱保持在原来的位置。然后以注射器刺透膀胱，排空残余尿液。根据手术要求，切开膀胱壁进行具体操作。

手术完成后，对膀胱壁先进行全层连续缝合，再施行内翻缝合。还纳膀胱于腹腔，常规闭合腹腔，结节缝合皮肤。

4. 术后护理 术后连续注射抗生素 5～8 d，定期进行尿量测定及检查，判断恢复情况。术后 7～14 d 拆线。

五、注意事项

（1）在结石的治疗时，必要时可用导尿管逆向冲洗尿道，再将冲入膀胱的结石取出。

（2）缝合后，要注意不能将缝合线头留在膀胱，避免结石复发。

（3）膀胱切口一般不选择在膀胱腹侧。

实验二十

肾切开术

肾切开术常用于肾结石、肾盂结石、肾盂肿瘤等病证以及全身麻醉后肾组织活检。

一、实验目的与要求

（1）了解肾切开术的适应证。

（2）掌握肾切开术的手术方法。

二、实验所需器材及药品

负压吸引器，水浴锅，剃毛器，3号手术刀柄，圆手术剪，剪线剪，持针器，手术镊，巾钳，组织牵开器，止血钳，组织钳等。保定绳，气管插管，导尿管，一次性注射器，无菌手术衣、口罩、手术帽、手套等，创巾，10号刀片，直针或1/4小圆针，1/4三角针，4/0或2/0可吸收缝线，3/0非可吸收缝线，吸水性敷料等。丙泊酚、异氟醚或速眠新Ⅱ、乙醇棉球、碘酒棉球、生理盐水、青霉素、链霉素等。

三、实验动物

犬、猫、兔等。

四、实验内容和方法

1. 术前准备 术前禁食12～24 h，施行导尿术排空尿液，体液疗法纠正并调整酸碱平衡失调及水盐代谢水平。

2. 麻醉 患病动物仰卧保定。施行全身麻醉，可选择下法之一进行。

（1）吸入式全身麻醉：以丙泊酚进行诱导麻醉，再进行气管插管，接通吸入式麻醉机，先以2％～4％浓度快速吸入，3～5 min后以1.5％～2％的浓度维持麻醉。

（2）非吸入式全身麻醉：根据动物体重计算麻醉药注射剂量，肌内注射进行全身麻醉。

3. 术式

显露：于脐前腹正中线切开腹部，结肠移向右侧显露左肾，或十二指肠移向左侧显露右肾，以温生理盐水浸湿的纱布隔离，充分显露肾。以手术剪剪开包裹于肾表面的腹膜和筋膜，然后将肾从腹膜下钝性分离出来。在肾大弯处剪开肾被膜，将肾小心剥离出来，并将肾动脉、肾静脉及输尿管充分显露。

切开：以血管钳夹持或直接用手指捏住肾动脉、肾静脉管（图20-1），暂时阻断血液供应。沿肾大弯纵向矢面切开皮质和髓质到达肾盂，为了容易打开肾盂的手术通路，可以使用电刀进行止血切割。除去肾盂内的结石，并以温生理盐水冲洗残余的沉淀物。然后经肾盂切口在输尿管中插入柔软的导尿管，用生理盐水冲洗输尿管使其畅通。

缝合：取下血管钳或松开手指，恢复肾动脉、肾静脉的血液供应，以拇指和食指将切开的肾对合，压合5~10 min。对合肾被膜，先以水平间断褥式缝合闭合被膜（图20-2），再以单纯连续缝合闭合。

缝合完毕后，肾还纳腹腔，常规闭合腹腔。

 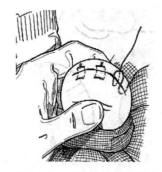

图20-1　手指捏持肾血管　　　图20-2　水平间断褥式缝合

4. 术后护理　术后注射抗生素防止感染，采用输液疗法直至水盐代谢正常，实施低蛋白低磷的肾病饮食疗法。

五、注意事项

（1）术后要密切观察肾机能恢复过程。

（2）如果患有两侧肾结石，在一次手术时，只能对一个肾切开，间隔一段时间后根据肾机能恢复情况再做另一侧手术。

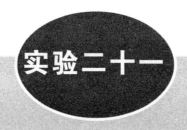

犬脾部分切除术及全脾摘除术

脾大面积坏死，脾破裂，脾肿瘤、囊肿、脓肿，脾门处外伤或伤及脾门的主要血管，原发性脾功能亢进（如先天性溶血性贫血、原发性全血细胞减少症），充血性脾肿大，晚期血吸虫病性脾肿大伴有脾功能亢进等，可按照具体情况施行脾部分切除术或全脾摘除术，临近脏器恶性肿瘤根治切除时如有需要可将脾一并切除。另外，脾胃扭转、脾脉管基部发生扭转时需进行脾切除。

一、实验目的与要求

（1）掌握脾部分切除术的手术方法。
（2）掌握全脾摘除术的手术方法。

二、实验所需器材及药品

异氟醚、盐酸普鲁卡因、多功能呼吸机、手术器械包、抗生素、生理盐水、尼可刹米等。

三、实验动物

犬。

四、实验内容和方法

1. 保定与麻醉　侧卧或仰卧保定，采取气管插管，吸入麻醉或非吸入麻醉。

2. 手术方法　根据脾的大小和病情而选择切口，最常用的为左上腹直肌切口，切口长 5～7 cm。打开腹腔后，将脾从腹腔取出，并使用湿润的纱布将腹腔其他器官覆盖。

脾部分切除术：选定要切除的部分，使用可吸收缝线对供应该部位血液的门脉区血管进行双重结扎，这部分实质将会出现苍白缺血，挤捏苍白与正常区域的实质，仅保留被膜，安置两把止血钳，在两把止血钳之间截断脾，连续缝合脾断面。

全脾摘除术：对脾门部的血管进行双重结扎并截断所有血管，保留供应胃底部血液的胃短动脉分支。切除后对出血点进行止血，常规缝合腹腔。

五、注意事项

（1）结扎脾动脉与脾静脉以及所有通向脾的血管，是脾手术成功的关键。

（2）犬脾切除后可以出现轻微的白细胞增多。脾切除一般预后良好，如果出现异常且治疗不及时，可引起败血症、腹膜炎等。

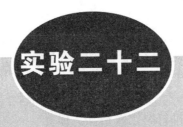

犬、猫去势术

犬、猫去势术是摘除雄性犬、猫的睾丸或破坏其生殖机能的一种手术。临床上用于治疗雄性犬、猫经久不愈的睾丸炎症、睾丸癌或高龄犬、猫良性前列腺增生。有时对宠物也用于绝育、改变尿标记，避免发情时野外游走，雄性行为过强，对同性动物具有强烈的攻击欲望等不良习性。

一、实验目的与要求

（1）通过实验了解雄性动物阴囊、睾丸的结构。
（2）掌握犬、猫去势术的适应证、手术方法和术后护理。

二、实验所需器材及药品

重症监护仪、多功能呼吸机、自动分析心电图机、甲种手术器械包、乙种手术器械包、纯银探针、抗生素、生理盐水、葡萄糖、舒泰、异氟醚、尼可刹米、地塞米松等。

三、实验动物

雄性实验犬、猫。

四、实验内容和方法

1. 术前准备　成年犬、猫禁食 12～18 h，幼年犬、猫禁食 4～8 h。
2. 保定　仰卧保定，后肢向头侧牵拉固定，后肢外展。尾向下牵引固定，充分暴露阴部。
3. 麻醉　犬麻醉用 2％～3％异氟醚吸入麻醉，或舒泰（每千克体重 10～15 mg）、犬眠宝（每千克体重 0.1～0.2 mL）肌内注射麻醉。猫麻醉用 2％～3％异氟醚吸入麻醉或舒泰（每千克体重 10～15 mg）肌内注射麻醉。
4. 犬睾丸切除术　选择阴囊头侧中线切口，切口长 2～3 cm。术者用左手将睾丸挤压至阴囊头侧中线切口定位处固定。右手持手术刀切开阴囊皮肤和结缔组织，继续挤压睾丸连同鞘膜，使之暴露于皮肤切口之外。不切开总鞘膜，使用组织剪分离精索上的结缔组织，显露精索。使用"三钳法"，依次从精索近位端至睾丸端夹放三把止血钳，在第一把止血钳的精索近位端使用0～2号缝线（最好使用可吸收缝线）进行结扎，随后解除第一把止血钳，在钳夹的印痕处进行第二次结扎。保持第二把止血钳的位置不动，使用手术刀将第二把止血钳和第三把止血钳之间的精索切断，这样一侧睾丸即被切除（图 22-1）。松开第二把止血钳，观察精索断端有无出血，无出血发生即可将精索还纳。采用同样的操作方法，于同一皮肤切口内，切除另外一侧睾丸，注意不要切透阴囊中隔。

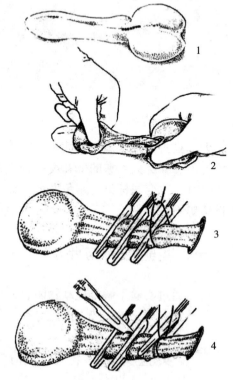

确认精索断端无出血后，即可还纳精索，间断缝合皮肤。必要时可使用结系绷带。

术后护理：术后应安放伊丽莎白项圈，防止动物舔咬伤口，术后 10～14 d 可拆除缝线。术后发生阴囊潮红和轻度肿胀，一般不需要治疗。若伴有泌尿道感染和阴囊切口感染迹象，可给予抗生素治疗。

5. 公猫去势术　切口定位处同犬，剃毛消毒。使用手术刀沿阴囊中线切开皮肤，再向一侧切开总鞘膜，打开阴囊。也可使用有齿镊夹住阴囊正中线处的皮肤，提起呈锥形，使用手术剪剪除锥形顶端皮肤，切口不宜过大，能挤压出睾丸即可，由此打开阴囊，暴露睾丸。使用左手将睾

图 22-1　睾丸摘除术式
（1～4 为操作顺序）

丸牵引至阴囊外，切开一侧总鞘膜，露出睾丸，最大限度牵拉睾丸，充分显露精索，使用"三钳法"结扎精索，切除睾丸，观察精索断端有无出血，无出血发生即可将精索还纳。采用同样的操作方法，于同一皮肤切口内，切除另外一侧睾丸。皮肤可不进行缝合。

术后护理：术后应安放伊丽莎白项圈，防止动物舔咬伤口，10～14 d 可拆除缝线。

五、注意事项

（1）显露睾丸的过程应注意睾丸固定确实，切开皮肤力度适中，不可切开总鞘膜。

（2）切口位置在阴囊基部中线上，不要在阴囊上直接做切口。

（3）切开鞘膜时应注意力度适宜，避免切开睾丸。

实验二十三

犬、猫卵巢子宫切除术

犬、猫卵巢子宫切除术常用于治疗卵巢疾病引起的性机能异常，还常用于绝育和治疗子宫积脓、感染、子宫破裂、子宫脱垂、生殖道肿瘤、乳腺增生、乳腺肿瘤、糖尿病或难产并发子宫坏死等。卵巢子宫切除术不能与剖宫产同时进行。

一、实验目的与要求

（1）熟悉犬、猫腹部局部解剖结构及手术部位（图 23-1），了解犬、猫子宫卵巢的结构及其在腹腔的位置、手术切口的选择方法。

（2）学习和掌握犬、猫子宫卵巢摘除术的方法。

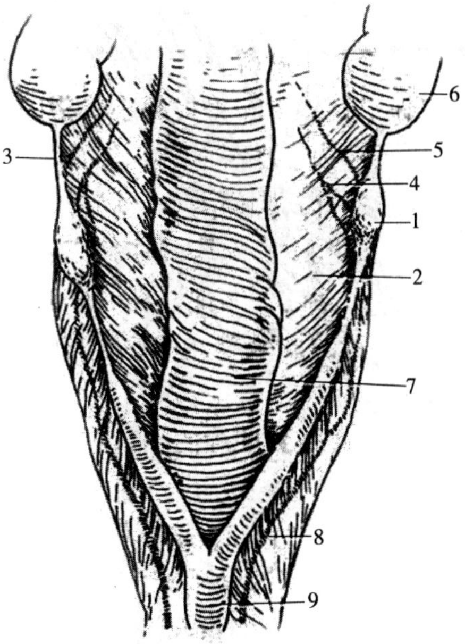

二、实验所需器材及药品

重症监护仪、多功能呼吸机、自动分析心电图机、软肠钳（直、弯）、外科手术刀柄刀片、镊子、止血钳、诱导针、腹膜钳、开殖器、持针器、缝合针、外科剪刀（直、弯、尖、圆）、巾钳、平钩、镫状钩、注射器等。普鲁卡因、乙醇、碘酊、新洁尔灭、灭菌生理盐水。

图 23-1 卵巢子宫解剖结构图
1. 卵巢 2. 子宫系膜 3. 子宫悬韧带
4. 卵巢静脉 5. 卵巢动脉 6. 肾 7. 直肠
8. 子宫动脉 9. 子宫体

三、实验动物

犬、猫。

四、实验内容和方法

1. 保定　采取仰卧位保定。

2. 麻醉　进行气管插管，吸入麻醉或非吸入麻醉。

3. 术式　腹部除毛、碘酊消毒、乙醇脱碘，铺设创巾后进行手术。脐后腹中线切口，切口长 5～10 cm；切开皮肤、皮下组织、腹白线与腹膜，显露腹腔。手指贴腹壁入腹腔探查，牵引出一侧子宫角，左手拇指与食指固定住固有韧带，另 3 个手指张开卵巢系膜，仔细分辨卵巢血管，钝性分离卵巢系膜与血管。止血钳夹住固有韧带，由助手提拉。术者双重结扎卵巢悬韧带和卵巢血管。切断卵巢系膜和血管。然后将子宫角完全拉出腹部切口外，在子宫体两侧的子宫动脉外，钝性分离子宫阔韧带单线结扎后剪断（图 23-2、图 23-3、图 23-4、图 23-5）。然后导引出对侧子宫角，按同样的方法操作。最后在子宫体后端，双重结扎两侧子宫血管和子宫体。在结扎线前端剪断子宫体与血管，切除卵巢子宫。完成后清理腹腔，确定腹腔无出血和遗留物，大网膜复位，缝合切口。消毒切口，用绷带包扎。

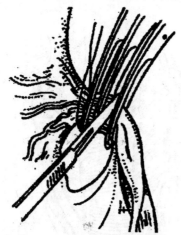

图 23-2　三钳法结扎卵巢血管

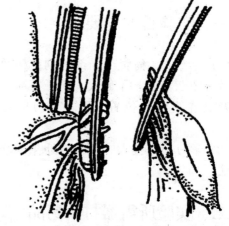

图 23-3　在松钳的瞬间结扎卵巢血管，然后切断卵巢系膜和血管

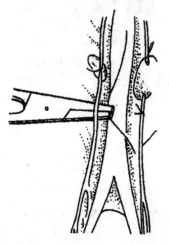

图 23-4　贯穿结扎子宫血管

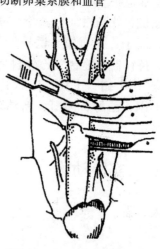

图 23-5　三钳法切断子宫

4. 术后护理　术后全身应用抗生素，防止感染。纠正体内酸碱平衡失调，保持电解质平衡。术后视皮肤恢复情况 7～10 d 拆线。

五、注意事项

（1）提前安排分工，做到手术井然有序。

（2）需特别注意手术过程中对动物的麻醉监护。

（3）需特别注意手术过程中的规范操作，无菌操作，注意不要有物品或组织遗留在动物腹腔。

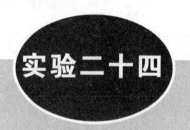

实验二十四

犬乳腺手术

　　乳腺是哺乳动物特有的皮肤腺，雌雄动物兼有。犬乳腺位于胸腹底部两侧皮下，以腹中线相隔，左右各一排，同侧前后乳腺无明显体表分界，前起腋窝胸部，后达耻骨前缘。正常犬每侧乳腺有 4～5 个乳区，依部位不同，由前向后依次命名为第一乳区、第二乳区、第三乳区、第四乳区和第五乳区，有时也将第一、二乳区称为头侧乳腺群，将第三、四乳区称为中央乳腺群，将第五乳区称为尾侧乳腺群。胸部乳腺与胸肌连接紧密，腹部乳腺和腹股沟乳腺与肌肉连接松弛，呈悬垂状，尤以发情期或泌乳期更为显著。腺体组织位于皮肤与皮肌、乳腺悬韧带之间。

　　第一和第二乳区动脉血来自胸内动脉的胸骨分支和肋间及胸外动脉的分支，第三乳区主要由腹壁前浅动脉（来自腹壁前动脉）和胸内动脉分支供血，后者与腹壁后浅动脉分支（由阴部外动脉分出）相吻合而终止，并供给第四、第五乳区动脉血。静脉一般伴随同名动脉而行。第一、第二乳区静脉血回流主要进入腹壁前浅静脉和胸内静脉，第三、第四及第五乳区静脉主要汇入腹壁后浅静脉。小的静脉有时越过腹中线至对侧腋淋巴结位于胸肌下，接受第一、第二乳区的淋巴。腹股沟浅淋巴结位于腹股沟外环附近，接受第四、第五乳区的淋巴。第三乳区淋巴最常流入腋淋巴结，但在犬也可向后引流。不过，如仅有 4 对乳腺时，第二与第三乳腺间无淋巴联系。

　　犬猫乳腺增生、乳腺肿瘤等疾病需要摘除乳腺，此处，乳腺化脓、坏死或严重创伤保守治疗无效时，也需进行乳腺摘除。

一、实验目的与要求

　　通过实验，掌握犬乳腺手术的适应证、手术方法和术后护理。

二、实验所需器材及药品

　　重症监护仪、多功能呼吸机、自动分析心电图机、甲种和乙种手术器械包、纯银探针、抗生素、生理盐水、葡萄糖、异氟醚、舒泰、尼可刹米、地塞米松等。

三、实验动物

雌性实验犬。

四、实验内容和方法

（一）术前准备

1. 全身检查　对犬进行一般检查，包括体温、呼吸频率、心率、精神状态、结膜颜色等，对因病理性因素进行乳腺摘除的犬还可进行实验室检查，包括血常规检查和生化检查，评估犬的整体状况。必要时要调整体况，延期手术。

2. 局部检查　术前对犬进行剃毛处理，熟悉犬乳房的解剖结构，包括乳腺及其血管、淋巴管分布，检查乳腺肿瘤的大小、位置、边界等情况，确定手术方案。

3. 术前禁食　术前成年犬禁食 12～18 h，幼年犬禁食 4～8 h。

（二）术式

1. 保定　仰卧保定，四肢向两侧牵拉固定，显露胸腹部，充分暴露双侧乳腺。

2. 麻醉　2%～3%异氟醚吸入麻醉，或舒泰（每千克体重 10～15 mg）、犬眠宝（每千克体重 0.1～0.2 mL）肌内注射麻醉。

3. 切口定位　确定要切除的乳腺组织后，在其周围做椭圆形皮肤切口。若发生乳腺肿瘤，皮肤切口距离肿瘤基部至少 1 cm。

4. 乳腺切除　乳腺切除的方法取决于患病乳腺的大小、部位、数量及相应乳腺的淋巴流向，同时也要考虑个体差异。常用的切除方法包括：单个乳腺切除术，仅切除某一单个乳腺；区域乳腺切除术，切除几个患病乳腺或切除同一淋巴流向的乳腺；单侧乳腺切除术，切除整个一侧乳腺；双侧乳腺切除，切除所有乳腺。

单个乳腺切除或区域乳腺切除时，在要切除的乳腺组织周围做椭圆形皮肤切口。皮肤切口外侧缘应在乳腺组织的外侧，皮肤切口的内侧缘应在腹中线上。进行第一乳区乳腺切除时，皮肤切口可向前延伸至前肢腋下，切除乳腺的同时也将腋下淋巴结切除；最后乳区乳腺（第四或第五乳区乳腺）的切除，皮肤切口可向后延伸至阴唇水平处，将乳腺连同腹股沟淋巴结一起摘除。双侧乳腺全切时，乳腺两外侧做椭圆形切口，但胸部应做 Y 形皮肤切口，以免胸部张力过大，影响缝合。

切开皮肤后，先分离、结扎大的血管，再做深层分离。分离时，尤其注意腹壁后浅动、静脉。第一、第二乳区乳腺与胸脊筋膜紧密相连，需仔细分离使其游离。其他乳腺与腹壁肌连接疏松，易钝性分离。若肿瘤已侵蚀体壁肌肉和筋膜，需将其一同切除。如胸部乳腺肿块未增大或未侵蚀周围组织，腋淋巴结一般不予切除，因该淋巴结位置深，接近臂神经丛。腹股沟淋巴结紧靠腹股沟乳腺，通常连同腹股沟脂肪一起切除（图 24-1）。

缝合皮肤前，应认真检查皮肤内侧缘，确保皮肤上无残留乳腺组织。皮肤缝合是本手术最困难的部分，尤其是切除双侧乳腺。大的皮肤缺损缝合需要先做水平褥式减张缝合，使皮肤创缘靠拢并保持一致的张力和压力分布。然后做第二道结节缝合以闭合创缘。如皮

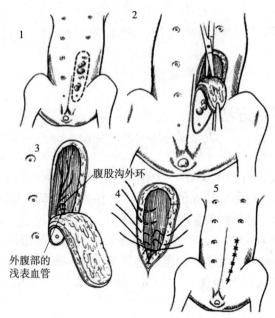

图 24-1　犬的乳腺肿瘤切除术

（1~5 为操作顺序）

肤结节缝合恰当，可减小因褥式缝合引起的皮肤张力。如有过多的死腔，在腹股沟部易出现血肿，需在手术部位安置引流管。

5. 术后护理　术后应安放伊丽莎白项圈，防止犬舔咬伤口，连续使用抗生素5~7 d，确认没有液体流出后可去除引流管，术后 10~14 d 可拆除缝线。

五、注意事项

（1）头侧乳腺群手术时，为避免肿瘤转移至中央乳腺群，可连同中央的乳腺群一同切除，而中部乳腺群发生肿瘤时，应将患病侧的乳腺全部切除。

（2）切除乳腺的皮肤切口应根据肿瘤的大小做成纺锤形，这样可缓解皮肤张力过大。

（3）所有切开必须在肉眼确认无肿瘤病变的组织上进行。

（4）皮肤切开后将乳腺群连同皮下组织一起从头侧向尾侧分离，深度达肉眼可见的腹部筋膜。

（5）为防止渗出液潴留，可在创腔内安放引流管 2~3 d。

犬外耳道切开术及全耳道切除术

慢性外耳道炎应用保守方法无法取得疗效时，或慢性外耳道炎症出现剧烈增生变化时可以采取外耳道切开术。当犬有难以治疗的慢性中耳炎、耳肿瘤等疾病时可以采取全耳道切除术。

一、实验目的与要求

（1）熟悉犬耳部局部解剖结构及手术部位，了解犬耳的结构与手术位置切口的选择。

（2）学习和掌握犬外耳道切开术及全耳道切除术术式。

二、实验所需器材及药品

重症监护仪，多功能呼吸机，自动分析心电图机，外科手术刀柄和刀片，镊子，止血钳，持针器，缝合针，外科剪（直、弯、尖、圆），巾钳，咬骨钳等。普鲁卡因、乙醇、碘酊、新洁尔灭、灭菌生理盐水等。

三、实验动物

犬。

四、实验内容和方法

（一）术前准备

犬在手术前进行全身全面检查，术前调整体况，纠正水、电解质和酸碱平衡失调。

（二）手术方法

1. 外耳道切开术

（1）患耳在上，侧卧保定，全身麻醉。耳道外侧除毛，用碘酊消毒、乙醇脱碘，铺设创巾后进行手术。

（2）将探针垂直插入耳道，以确认其腹侧底部，用记号笔勾画出预想切开线。沿切开线切开皮肤、皮下组织，切除皮瓣。从腹侧分离切开的皮肤，边分离边向上牵拉。切开露出的筋膜中央直至软骨。将筋膜向前后分开，使外耳道软骨充分显露。

（3）将手术剪插入耳道内将两个向下的前后缘的耳郭剪开，至水平耳道部，切除软骨，并于软骨缘切除部分软骨，缝合皮肤创缘。

（4）皮肤和耳道内黏膜对接缝合，用非吸收缝线将皮肤和软骨贯穿缝合，防止腹侧软骨露到外面。软骨缘一定要缝合在里面（图 25 - 1）。

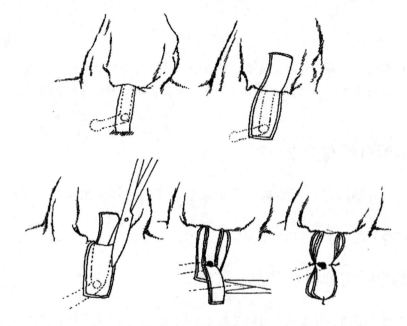

图 25 - 1　外耳道切开术

2. 全耳道切除术

（1）患耳在上，侧卧保定，全身麻醉。耳道外侧部除毛，用碘酊消毒、乙醇脱碘，铺设创巾后进行手术。

（2）切开垂直部分的耳道并分离，将其从周围的组织中剥离开。彻底切除水平部分。

（3）切开进行中耳刮扒和清洗，并设置引流管。

（4）分离并向腹侧移动颌颈动静脉和面神经。将水平耳道沿环状软骨进行钝性分离至外耳孔并彻底去除。

（5）用小咬骨钳将鼓室囊骨从外耳孔至外侧中央腹侧面小心切除。在中耳腹侧部用消毒的锐匙进行刮扒，用生理盐水清洗。

（6）使用细引流管及固定引流管进行术后清洗。将引流管沿背侧尾侧皮下设置，在耳郭后方引至外侧，固定于头部皮下。将固定塑胶带引至距创口 5 cm 皮肤处，同样进行固定。缝合创口（图 25 - 2）。

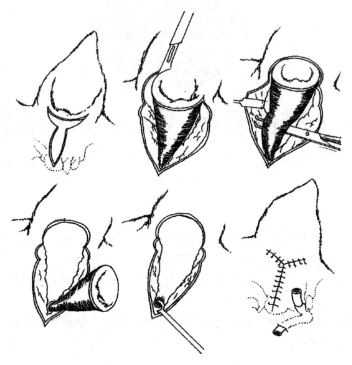

图 25 - 2　全耳道切除术

（三）术后护理

术后全身应用抗生素，防止感染。纠正体内酸碱平衡失调，保持电解质平衡。犬术后佩戴伊丽莎白项圈。全耳道切除术后集中进行冲洗，术后 3～4 d 除去引流管。术后 10～14 d 拆线。

五、注意事项

（1）全身性抗感染，防止并发症。
（2）手术过程一定要细致，在全耳道切除术中注意不要损伤颈动静脉以及颜面神经。
（3）不要过早去除引流管，否则可造成积液。

犬、猫的断指（趾）与断尾术

犬的断指（趾）手术适用于治疗受到不可修复的严重损伤或由于创伤继发严重的细菌感染，肢体发生坏死、坏疽等的情况。悬趾即第一趾，又称悬爪，已部分退化。狩猎犬在复杂地形易造成自伤，可进行悬趾切除术；宠物犬切除后便于剪毛和修饰。猫爪出现基部损伤，保守治疗无效，需要进行猫断爪术。

犬、猫断尾术适用于治疗尾部严重创伤、骨折、肿瘤、麻痹、顽固性咬尾症等。某些品种的犬为了美观而断尾。

一、实验目的与要求

（1）掌握犬、猫断指（趾）术的手术方法。
（2）掌握犬、猫断尾术的手术方法。

二、实验所需器材及药品

异氟醚、盐酸普鲁卡因、多功能呼吸机、手术器械包、抗生素、生理盐水、尼可刹米等。

三、实验动物

犬、猫。

四、实验内容和方法

1. 保定与麻醉　仰卧或侧卧保定。犬全身麻醉配合局部浸润麻醉，侧卧保定，患肢在上。幼年犬、猫用 0.5%盐酸利多卡因局部浸润麻醉，成年犬、猫全身麻醉配合荐尾硬膜外麻醉。

2. 犬断肢（指或趾）手术　截肢部位由损伤部位及程度而定。一般于损伤部位的上部关节的近心端切断。若截除指或趾部，可在指或趾关节处截断。

在需要截肢的术部上方扎止血带，环形切开皮肤，钝性分离皮下组织，肢体前部皮肤多于后部皮肤，闭合时尽量用前部皮肤覆盖肢体断端。分离上方皮肤，充分止血，分离肌肉大血管并双重结扎，切断肌肉后向近心端牵拉肌肉，暴露骨骼，用骨膜剥离器剥离骨膜，保持骨膜完整，锯断骨骼。用生理盐水清洗后荷包缝合骨膜，包裹断端。褥式缝合肌肉包裹骨骼断端。修剪皮肤，间断缝合皮肤。

若从关节部截断，自关节远端切开关节周围的皮肤，分离皮下组织，切开关节囊，用手术刀将关节韧带切断，除去关节腔内的滑膜面和软骨。缝合关节囊与皮下组织，用背侧皮肤包裹关节断端，间断缝合皮肤。

3. 犬悬趾切除术　出生后 3～4 d 进行为宜，由助手将犬抱于怀中，无需麻醉及剃毛，局部消毒后用手术剪剪除第一、二趾节骨，压迫止血，皮肤一般不用缝合，做简单包扎。

在年龄较大的犬，应在术部上方扎止血带，用止血钳提起悬趾，用手术刀切开基部皮肤，分离皮下组织，暴露关节。结扎趾背动脉，再切断关节，分离悬趾，皮下组织连续缝合，皮肤间断缝合。包扎患部。

4. 猫断爪术　术者一手用拇指和食指使爪伸展，充分暴露整个第三趾，另一手持截爪钳套入趾爪并在背侧两关节间将第三趾剪除，切口皮肤缝合 2 针。

另一种方法：腕关节上方结扎止血带，术者一手持止血钳夹住爪部，用力向枕部翻转使背侧皮肤紧张，另一手用手术刀在爪嵴与第二趾间隙环形切开皮肤，切断背侧韧带，暴露关节面，沿第三趾关节将深部的软组织一次性分离，直至第三趾节骨断离。结扎出血部位，皮肤缝合 2 针。

5. 犬、猫断尾术　幼年犬、猫断尾术切口位置为尾部截断处的椎间隙或椎体部。手术在出生后 7～10 d 进行为宜，断尾长度根据不同品种要求及动物主人的意愿决定。尾局部常规剪毛消毒后，用止血带在预截断处之前结扎，在预截断部位尾两侧用剪刀各做一个皮肤瓣，横断尾椎。松开止血带，用止血钳或纱布止血。然后缝合断端的皮肤瓣。

成年犬、猫断尾术先用止血带结扎。在尾部背侧和腹侧分别做皮肤瓣，其基部位于椎间隙；背侧皮肤瓣稍长，向腹侧折转可覆盖尾断端。切断尾椎肌，从椎间隙截断尾椎或用骨剪剪断尾椎，结扎两侧和腹侧的血管。缝合皮下组织，用背侧皮肤瓣包裹尾断面，间断缝合皮肤。解除止血带，包扎尾根。

幼年犬、猫术后每日涂擦碘酊，7～8 d 后拆线。成年犬、猫术后应用抗生素 3～5 d，经常更换尾绷带和敷料，保持尾部清洁，8～10 d 拆线。

五、注意事项

（1）在犬断指（趾）手术中止血带可防止术中出血影响手术进行，但在分离指节骨后应该松开止血带以观察出血情况，加以结扎止血。

（2）猫断爪术中伤口如有出血，应及时进行止血。应将第三趾节骨背侧全部切除，因为此处爪嵴是爪生长的基础，不能损伤趾垫。

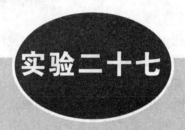

腹腔镜卵巢、子宫切除术

腹腔镜技术是借助腹腔镜设备，在直视腹腔内部结构情况下，进行诊断或实施手术的一项技术。腹腔镜技术具有直视、微创、出血少、视野清晰、疼痛反应小和恢复快等优点，在小动物医学得到较快的发展，目前在小动物腹腔镜手术方面，腹腔镜卵巢、子宫切除术是发展最成熟和应用最多的手术。

一、实验目的与要求

（1）掌握腹腔镜气腹的方法。
（2）掌握腹腔镜穿刺针/套管的穿刺方法。
（3）掌握腹腔镜卵巢、子宫切除的手术方法。

二、实验所需器材及药品

重症监护仪、呼吸麻醉机、腹腔镜设备及配件、腹腔镜手术器械（腹腔镜抓钳、单极电凝钩、推结器、剪刀、钛夹钳、钛夹等）、常规手术药品等。

三、实验动物

犬。

四、实验内容和方法

1. 术前准备　术前禁食 12 h，禁水 6 h，腹部大范围剃毛、清洗，碘伏、乙醇常规消毒，术部铺盖 4 块创巾隔离。

2. 保定与麻醉　仰卧保定，采取头低尾高位，大约与水平方向成 30°角，全身麻醉。

3. 术式

套管通路：采用三个套管的方法，第一套管安置在脐上 1 cm 左右，为腹腔镜进出腹腔通路，安置 10 mm 套管；第二套管和第三套管分别安置在与第一套管尾侧距离 8 cm 的两侧腹直肌外鞘的位置，为器械进出腹腔的通路，安置 5 mm 套管。

气腹：气腹针安置在预置第一套管位置处，应用手术刀做一 10 mm 的皮肤切口，用两把巾钳将该部位皮肤连同腹壁肌肉一起提起，术者抓住气腹针外鞘垂直刺穿腹壁，刺穿后气腹针内部的钝头在穿过腹壁后弹入腹腔，避免损伤腹腔脏器。气腹针安置后需要检查其是否在腹腔，可采取抽吸试验来判断，方法是取一 5 mL 注射器，将注射器针芯拔去，装入 5 mL 生理盐水，用手堵在尾部，将此注射器与气腹针相连，然后拿开堵住注射器的手，如果气腹针在腹腔，注射器内的生理盐水就会通过腹腔内负压进入腹腔，反之则不能。确定气腹针进入腹腔后，开始向腹腔充入 CO_2。充气速度不宜太快，以 1 L/min 为宜。待注入 2 L 左右的 CO_2 时，可改为高流量充气，使气腹压维持在 12 mmHg*。

安置穿刺针/套管：气腹压达到预设的值后，拔出气腹针，安置第一套管，同样用两把巾钳将该部位的皮肤连同腹壁肌肉一起提起，将穿刺针插入套管，穿刺针/套管穿刺时，用手掌顶住穿刺针柄，防止在穿刺过程中穿刺针缩回套管，左右旋转使穿刺针/套管缓慢进入腹腔，这样可以防止刺入腹腔太深，损伤腹腔器官。术者食指或中指前伸到套管杆部抓持穿刺针/套管，也可以防止穿刺针/套管进入腹腔太深。当穿透腹壁进入腹腔后，可听到"砰"和"嗤嗤"的响声，立即将穿刺针退出，防止损伤腹腔器官。套管可继续向腹腔推进一段，连接套管与气腹导管。进入腹腔镜，先观察有无刺伤腹腔器官，然后在腹腔镜的监视下完成其他穿刺针/套管的安置。安置时使腹腔镜在腹腔内部照向确定安置套管的部位，这样可以看清腹壁上的血管，穿刺时要避让这些血管，同时评估穿刺部位，保证在穿刺过程中腹腔器官不受损伤。

卵巢、子宫切除：用腹腔镜观察腹腔的整体情况，第二套管和第三套管进入腹腔镜抓钳，寻找卵巢，然后用一把抓钳抓住悬吊韧带，充分暴露卵巢动脉，封闭卵巢动脉〔可以用钛夹、双极电凝、滑结（Roeder 结）或腔内打外科结的方法〕，然后用单极电凝将悬吊韧带、卵巢动脉、子宫系膜和子宫阔韧带切断。另一侧的卵巢也采取同样的方法处理。如果是未经产的犬，子宫体较细，可以用滑结将子宫体和卵巢动脉一起套扎后剪断。如果是经产的母犬，并且子宫体较粗，可以将子宫动脉分别结扎后，再用滑结套扎后剪断。子宫断端应用腹腔镜缝合技术进行缝合封闭。切除后的卵巢和子宫可放入标本袋从套管拿出体外（如卵巢和子宫太大，可将套管口稍扩大后拿出）。

解除气腹：腹腔镜完成以后，可以解除气腹，注意不要突然把腹腔内气体放完，应缓慢放出气体，使动物适应，以防气压突然下降，血液快速灌注腹腔器官，造成损伤。在腹腔镜监视下拔出除腹腔镜以外的其余套管，拔腹腔镜套管时应先向腹腔略进腹腔镜，拔出套管后再将腹腔镜拔出，这样可以防止网膜随套管一起脱出腹腔。

闭合腹腔：10 mm 穿刺口常规结节缝合两层，即腹壁筋膜一层，皮下组织和皮肤一层；5.0 mm 穿刺口只需将皮肤和皮下组织一层结节缝合，伤口涂碘伏以消毒。

五、注意事项

（1）气腹针和穿刺针/套管穿刺时不要损伤腹腔内部器官。

（2）卵巢动脉和子宫动脉要结扎确实。

---

* mmHg 为非法定计量单位。1 mmHg≈133.32 Pa。

第二篇

兽医外科学相关诊疗技术

实验二十八

外科感染病灶内病原微生物的诊断

外科感染常见的致病菌有葡萄球菌、链球菌、大肠杆菌、铜绿假单胞菌、沙门菌及巴氏杆菌等。它们所造成的感染灶所形成的脓汁也有所不同，所以根据对致病菌所形成脓汁的判断，一般可以从大体上判断所感染的致病菌的种类，但进一步确诊需要进行微生物学诊断。

一、实验目的与要求

（1）掌握外科感染病灶内病原微生物（大肠杆菌、铜绿假单胞菌、葡萄球菌、链球菌、沙门菌、巴氏杆菌等）的感官性状的初步判断。

（2）掌握外科感染病灶内病原微生物的微生物学诊断方法，包括染色诊断和培养鉴别诊断。

二、实验所需器材及药品

手术常规器械、显微镜、载玻片、接种棒、酒精灯、火柴、吸水纸、培养物和肉汤培养物、生理盐水、各种染色液、量筒（100 mL）、烧杯（1 000 mL 和 100 mL）、漏斗、三角烧瓶（100 mL）、试管、玻棒、刻度吸管（1 mL 和 10 mL）、pH 试纸、纱布、脱脂棉、天平、电炉、试管塞、包装纸、扎绳、洗耳球、牛肉膏、蛋白胨、氯化钠、磷酸氢二钾、琼脂条或粉、0.1 mol/L 和 1 mol/L 的氢氧化钠、0.1 mol/L 和 1 mol/L 的盐酸、蒸馏水、脱纤绵羊血液或家兔血液等。

三、实验内容和方法

（一）脓汁感官性状的初步判断

实验前教师采集并准备临床中常见的各种感染化脓灶内脓汁。由学生根据脓汁的性状做出外科感染病原菌的初步判定，但如果确诊，需要做微生物学检验。

一般在临床中由葡萄球菌感染所形成的脓汁呈微黄色或黄白色，黏稠，臭味小；由溶血性链球菌感染所形成的脓汁稀薄，微带红色；大肠杆菌感染所形成的脓汁呈暗褐色，稀薄，有恶臭。铜绿假单胞菌感染所形成的脓汁呈苍白绿色或灰绿色，黏稠，而坏死组织呈浅灰绿色；沙门菌感染所形成的脓汁呈灰红色，有恶臭；结核杆菌感染所形成的脓汁稀薄，有絮状物及乳脂样块；腐败性菌感染所形成的脓汁呈污秽绿色或巧克力糖色，稀薄而有恶臭。

（二）微生物学诊断

经过感官性状的判断后，要通过微生物学诊断做出进一步确诊，方法包括细菌抹片染色诊断和细菌培养诊断（见附录一）。

1. 葡萄球菌诊断 葡萄球菌经革兰染色后在镜下一般呈单个、成对或短链状排列，在固体培养基上生长的呈典型的葡萄串状排列。

葡萄球菌在普通琼脂平板生长呈圆形、湿润、不透明、边缘整齐、表面隆起的光滑菌落。由于菌株不同可能呈现黄色、白色或柠檬色；在血液琼脂平板上多数致病菌株形成明显的溶血环；在肉汤里呈显著混浊，形成沉淀，在管壁形成菌环。

2. 链球菌诊断 链球菌用革兰染液及美蓝染液染色后于镜下观察，多数呈长链状排列，比较典型，也有的呈短链状排列。链球菌在血液琼脂平板上可产生溶血环，链球菌的溶血现象可分为三型，即甲型（α）、乙型（β）及丙型（γ）。

α型溶血又称绿色溶血型，此型不产生定形的溶血现象，在37 ℃培养24 h后，于血液平板的深处形成绿灰色菌落，其周围有不透明的绿色轮晕。

β型溶血是指在血液平板上的菌落周围形成无色透明的溶血环，其直径有时可超过菌落的直径。

γ型溶血又称非溶血型，在血液平板上的菌落周围不产生溶血现象。

3. 大肠杆菌诊断 大肠杆菌经美蓝染液或瑞氏染液进行染色后于镜下呈两端着色较深的长杆菌。

大肠杆菌在肉汤培养基中呈一致混浊，管底有灰白色沉淀，菌膜或有或无；在普通琼脂培养基上呈灰色、半透明、圆形、凸起、湿润、边缘整齐或不整齐的大菌落；在SS琼脂或麦康凯琼脂上呈均匀红色菌落；在三糖铁琼脂培养基上斜面产酸，培养基变黄，底层产酸产气，培养基变黄，含有气泡。

4. 沙门菌诊断 本菌染色特性与大肠杆菌相似，但有鞭毛，能运动。

沙门菌在肉汤培养基中呈一致混浊，管底有灰白色沉淀，菌膜或有或无；在普通琼脂培养基上呈正圆形、半透明、光滑、湿润、边缘整齐的灰白色菌落；在SS琼脂或麦康凯琼脂上呈细小、无色透明、光滑、圆形的菌落；在三糖铁琼脂上斜面培养基变红，底层产酸产气，培养基变黄，含有气泡。

5. 铜绿假单胞菌诊断 取脓汁直接涂于普通琼脂、麦康凯琼脂及血液琼脂上，其生长的菌落形状和大肠杆菌相类似，形成圆形光滑的菌落。此菌落有特殊的芳香气味，在琼脂平板上或肉汤中可产生水溶性绿色色素（即绿脓菌素），产生的色素可弥散于培养基中，并使之着色。同时在麦康凯琼脂上生长良好，菌落不呈红色。在三糖铁上不产生硫化氢，且底部不变黄。因产生绿色的绿脓菌素为铜绿假单胞菌比较特殊的性状，故据此可初步诊断。

6. 多杀性巴氏杆菌诊断 多杀性巴氏杆菌在碱性美蓝染液或瑞氏染液染色后于镜下

观察，呈两极浓染的短小杆菌。

多杀性巴氏杆菌用血液琼脂和麦康凯琼脂平皿同时进行分离培养，在麦康凯琼脂上不生长，而在血液琼脂上生长，24 h 后，可形成淡灰色、圆形、湿润、露珠样小菌落，菌落周围无溶血区。将菌落接种在三糖铁培养基上时可生长，三糖铁底部变黄。此菌培养于血清琼脂上生长良好，于 45°角折光下观察生长的菌落可见有不同颜色的荧光，产生蓝绿色荧光的称蓝绿色荧光型（Fg 型），产生橘红色荧光的称橘红色荧光型（Fo 型）。Fg 型菌对猪等毒力强，而 Fo 型对禽类毒力强。在观察菌落荧光型时应注意病料的来源。

四、注意事项

（1）要采取新鲜的病料，防止污染，导致诊断不准。
（2）病料的涂片、固定及染色一定要注意时间及不同组织涂片的固定要求。

各种类型外科感染的诊断与治疗

外科感染是一个复杂的病理过程。侵入体内的病原菌根据其致病力的强弱、侵入途径以及有机体局部和全身的状态而出现不同的结果。一般在外科感染发生发展的过程中，存在着两种相互制约的因素，即有机体的自我保护机制和促进外科感染发生发展的基本因素。两种因素始终贯穿着感染和抗感染、扩散和反扩散的相互作用。由于不同动物个体的内在条件和外界因素不同而出现不同的外科感染症状，严重的会危及生命，所以对各种类型的外科感染进行准确及时的诊断与治疗就显得尤为重要。

一、实验目的与要求

（1）掌握各种类型外科感染的诊断方法。
（2）掌握各种类型外科感染的治疗方法。

二、实验所需器材及药品

重症监护仪、多功能呼吸机、自动分析心电图机、甲种手术器械包、乙种手术器械包、纯银探针、抗生素、生理盐水、葡萄糖、尼可刹米、地塞米松等。

三、实验动物

牛、马、羊、犬。

四、实验内容和方法

（一）各种类型外科感染病例模型的制造

在实验前由教师制造一般轻微外科局部感染（这类感染仅表现局部的红肿）、外科局部化脓性感染（这类感染没有或仅有轻微全身反应）和外科全身性感染（这类外科感染在局部化脓的基础上出现全身反应）的实验动物病例模型。

（二）外科感染诊断

1. 局部诊断　对局部感染病灶的诊断一般按照由外到内的原则进行。对非开放的感染病灶要注意局部红、肿、热、痛的程度和机能障碍的情况。一般在感染早期肿胀比较明显，该部位坚硬，疼痛反应剧烈，界限不太清楚；而发展到后期时肿胀界限变得清晰，肿胀部位由坚硬逐渐变软，多数情况下从肿胀的中心开始破溃流出脓汁，它对诊断全身症状具有提示作用。但这种变化规律及症状并不一定全部出现，而随着病程长短、病变范围及位置深浅而异。病变范围小或位置深的，局部症状不明显；深部感染可仅有疼痛及压痛、表面组织水肿等，所以在诊断中要灵活掌握。此外，对已经形成的开放性的化脓感染灶，要进行仔细地检查，包括化脓灶的部位、内部结构、化脓程度、脓汁情况、是否形成窦道及创壁的形状和深浅等。

2. 全身诊断　在对感染病灶进行局部诊断之后要进行全身症状的诊断，全身症状的诊断主要注意动物的呼吸、心率、精神状态、结膜颜色、体温等。感染轻微的一般无全身症状，感染较重的有发热、心率和呼吸加快、精神沉郁、食欲减退等症状。感染较为严重、病程较长时可继发败血症、感染性休克、器官衰竭等。所以通过对全身症状的诊断可以掌握外科感染的严重程度。

3. 实验室检查　一般在临床上对出现全身症状的外科感染应该进行实验室检查。常规的实验室检查包括白细胞计数、血沉试验、尿液检查等，但常规的感染性疾病做白细胞计数就可以达到诊断的目的，所以其他项目如果没有并发症时一般不做。感染性疾病一般均有白细胞数量增加和核左移的发生，但某些感染，特别是革兰阴性杆菌感染时，白细胞数量增加不明显，甚至减少；免疫功能低下的患病动物，也可表现类似情况。所以在诊断中注意结合脓汁性状和动物整体状态来进行诊断与鉴别诊断。此外，对感染灶内部情况可以采取辅助诊断措施如 B 超、X 线和 CT 检查等，这些诊断方法都有助于诊断深部脓肿或体腔内脓肿，如肝脓肿、脓胸、脑脓肿等。对感染部位的脓汁应做细菌培养及药敏试验，这样有助于正确选用抗生素。怀疑全身感染，可做血液细菌培养检查，包括需氧培养及厌氧培养，以明确诊断。但厌氧培养需要特殊技术，建议做革兰染色检查，对迅速确诊有一定的价值。即使革兰染色涂片证明有大量细菌，而需氧培养为阴性时，也应高度怀疑为厌氧菌感染。

（三）外科感染的治疗

对外科感染的治疗不能局限于应用抗生素及通过单一的外科手术（包括切除病灶及引流脓肿），而是要有整体概念，既要消除外源性因素，还要了解微生态平衡及宿主免疫功能状态，充分调动机体的免疫能力来控制感染的发展。切断感染源，同时要注意营养支持，提高动物免疫力等，这些措施对控制和预防动物外科感染具有积极的临床意义。

外科感染治疗的一般原则：消除感染的病因和毒性物质，提高机体的抗感染和修复能力。合理应用抗生素和手术治疗虽是治疗化脓性感染的主要措施，但应强调综合治疗措施的必要性。治疗时既要注意局部也必须顾及整体，采取综合措施非常重要。局部感染灶的处理应积极、及时，单纯依靠应用抗菌药物，而忽视感染灶的处理，通常效果不佳，有时甚至是危险的。局部发生化脓性感染时常有全身反应，因此，在治疗感染灶的同时也必须进行全身治疗。并且需要注意抗生素并不能代替外科治疗中的基本原则。

1. 局部治疗　对局部化脓灶治疗的目的是使化脓感染局限化，减少组织坏死，减少毒素的吸收。

（1）休息和患部制动：对非化脓灶的治疗首先是使患病动物充分安静，进行充分休息和限制患部运动，对减少疼痛刺激和恢复患病动物的体力是必要的。为此，对患部应确实固定以限制活动，进行细致的外科处理后根据情况，决定是否包扎。

（2）外部用药：外部用药有改善血液循环、消肿、加速感染灶局限化，以及促进肉芽组织生长的作用，适于浅在感染。如鱼石脂软膏用于疖等较小的感染，50％硫酸镁溶液湿敷用于蜂窝织炎。

（3）物理疗法：物理疗法有改善局部血液循环，增强局部抵抗力，促进炎症产物吸收或局限化的作用，早期采取冷疗可以减缓肿胀充血的过程并减轻疼痛的刺激，而中后期利用热敷又可以促进肿胀的消散和吸收，除用热敷或湿热敷外，微波、红外线及短波、超短波治疗对急性局部感染灶的早期有较好疗效。

（4）手术治疗：包括脓肿切开术和感染病灶的切除。对已经形成化脓灶的病例，必须采取手术治疗。急性外科感染脓肿，应及时手术切开。局部炎症反应剧烈，迅速扩散或全身中毒症状严重，虽未形成脓肿，也应及时局部切开减压，引流渗出物，以减轻局部和全身症状，阻止感染继续扩散。若脓肿虽已破溃，但脓汁排出不畅，应扩大引流，病灶才能较快愈合。对蜂窝织炎所形成的脓肿，一般早期做广泛切开，切除坏死组织并尽快引流。浅在性蜂窝织炎应充分切开皮肤、筋膜、腱膜及肌肉组织等。为了保证渗出液的顺利排出，切口必须有足够的长度和深度，并做好纱布引流。必要时应造反对口。若患部在四肢应做多处切口，最好是纵切或斜切。伤口止血后可用中性盐类高渗溶液作引流液以利于组织内渗出液外流，也可用2％过氧化氢冲洗和湿敷创面。

如经上述治疗后体温暂时下降复而升高，肿胀加剧，全身症状恶化，则说明可能有新的病灶形成，或存有脓窦及异物，或引流纱布干固堵塞因而影响排脓，或引流不当所致。此时应迅速扩大创口，消除脓窦，摘除异物，更换引流纱布，保证渗出液或脓汁能顺利排出。待局部肿胀明显消退，体温恢复正常，局部创口可按化脓创处理。

2. 全身治疗

（1）抗生素疗法：合理适当应用抗菌药物是治疗外科感染的重要措施。及早确诊是合理使用此类药物的先决条件。建议尽早分离、鉴定病原菌和做药敏试验并尽可能进行联合药敏试验。预防用药按治疗时抗菌药物总量的30％～40％给药，以防不当的用药引起耐药菌的继发感染。联合使用抗菌药物必须有明确的指征。值得注意的是抗生素治疗并不能代替其他外科治疗感染的方法，对严重外科感染应强调综合性治疗措施。

药物选择：葡萄球菌轻度感染选用青霉素、复方磺胺甲基异噁唑（SMZ-TMP）或红霉素、麦迪霉素等大环内酯类抗生素；重症感染选用苯唑西林或头孢唑啉钠与氨基糖苷类抗生素合用。其他抗生素不能控制的葡萄球菌感染可选用万古霉素。溶血性链球菌感染首选青霉素，其他可选用红霉素、头孢唑啉等。大肠杆菌及其他肠道革兰阴性菌感染选用氨基糖苷类、喹诺酮类抗生素或头孢唑啉等。铜绿假单胞菌感染首选药物哌拉西林，另外环丙沙星、头孢他啶及头孢哌酮对铜绿假单胞菌也有效。上述药物常与丁胺卡那霉素或妥布霉素合用。类杆菌及其他梭菌，甲硝唑以其有效、价廉为首选，此外可选用大剂量青霉素或哌拉西林、氯霉素、克林霉素等。目前根据微生物大量出现耐药性现象，有必要做药敏试验，在药敏试验的基础上选择微生物敏感抗生素。

给药方法：对轻症和较局限的感染，一般可肌内注射。但对严重感染，应静脉给药，除个别的抗菌药物外，分次静脉注射法较好，与静脉滴注相比，它产生的血液内和组织内的药物浓度较高。

停药时间：一般在全身情况和局部感染灶好转后 3～4 d，即可停药。但严重全身感染停药不能过早，以免感染复发。

抗生素疗法并不能取代其他治疗方法，因此对严重外科感染必须采取综合性治疗措施。

（2）支持治疗：患病动物严重感染导致脱水和酸碱平衡紊乱，应及时补充水、碳酸氢钠和其他盐类。化脓性感染易出现低钙血症，应给予钙制剂，并可调节交感神经系统和某些内分泌系统的机能活动。应用葡萄糖疗法可补充糖原以增强肝的解毒机能并改善循环。注意饲养管理，给患病动物饲喂营养丰富的饲料并补给大量维生素（特别是维生素 A、维生素 C 和 B 族维生素）以提高机体抗病能力。

（3）对症疗法：根据患病动物的具体情况进行必要的对症治疗，如强心、利尿、解毒、退热、镇痛及改善胃肠道的功能等。

五、注意事项

（1）外科感染的诊断和治疗一定要局部和全身并重，全面进行。
（2）在有感染扩散倾向时不可采用温热等物理疗法。
（3）外科感染的治疗在抗感染的基础上，要积极实施支持疗法和对症治疗。

各种类型外科创伤的诊断与治疗

在临床中各种因素所引起的创伤创口往往是不规则的，而且通常是污染创，影响创伤愈合的因素又是多种多样的，所以临床上大部分创伤很难取得一期愈合，且治疗不及时极易引起化脓感染及全身症状的出现，严重的会危及生命，此外创伤会引起大量的出血，所以对创伤进行及时的诊断和合理的治疗是促进外科创伤愈合的关键所在。

一、实验目的与要求

（1）掌握创伤诊断的基本程序和注意事项。
（2）掌握创伤治疗的基本程序与一般原则。

二、实验所需器材及药品

创腔冲洗器、器械车、器械盘、重症监护仪、多功能呼吸机、自动分析心电图机、甲种和乙种手术器械包、纯银探针、抗生素、生理盐水、葡萄糖、尼可刹米、地塞米松等。

三、实验动物

马、牛、羊、犬。

四、实验内容和方法

（一）病例模型的建立

在实验前由教师制造一个典型的外科创伤病例和一个典型的感染创伤病例。

（二）保定与麻醉

1. 保定　马属动物进行侧卧保定，反刍动物在六柱栏内站立保定或侧卧保定，犬进行仰卧或侧卧保定。

2. 麻醉　马属动物应进行全身麻醉，反刍动物可采用局部麻醉并配合止痛、镇静药物，犬采用全身麻醉。

（三）创伤的检查

创伤检查的目的在于了解创伤的性质、决定治疗措施和观察愈合情况。

1. 一般检查　一般检查可以对创伤的发生、发展及转归有一个整体上的了解。通过对患病动物体温、呼吸、脉搏的检查和对可视黏膜颜色及患病动物精神状态的观察了解创伤对动物的影响情况。同时检查受伤部位的情况、四肢的机能等，从而对创伤所引起的机体损害从整体上有一个全面的了解。如果为临床接触到的病例，还应通过问诊了解创伤发生的时间、致伤物的性状、发病当时的情况和患病动物的表现等。

2. 创伤外部检查　创伤的外部检查主要是了解创伤的性质和受伤的程度，对创伤的检查应该以由外向内的顺序进行，仔细地对受伤部位进行检查。先视诊创伤的部位、大小、形状、方向、创口裂开的程度、有无出血、创围组织状态和被毛情况、有无创伤感染现象等。然后观察创缘及创壁是否整齐、平滑，有无肿胀及血液浸润情况，有无挫灭组织及异物。然后对创围进行柔和而细致地触诊，以确定局部温度的高低、疼痛情况、组织硬度、皮肤弹性及移动性等。

3. 创伤内部检查　创伤的内部检查主要是对创腔内部的形状及感染情况全面了解。对创伤内部检查要遵守无菌规则。检查前首先将创围剪毛、消毒。检查创壁时，应注意组织的受伤情况、肿胀情况、出血及污染情况。检查创底时，应注意深部组织受伤状态，有无异物、血凝块及创囊的存在。必要时可用消毒的探针、硬质胶管等，或用戴消毒乳胶手套的手指进行创底检查，摸清创伤深部的具体情况。

对有分泌物的创伤，应注意分泌物的颜色、气味、黏稠度、数量和排出情况等。必要时可进行酸碱度测定、脓汁及血液检查。对出现肉芽组织的创伤，应注意肉芽组织的数量、颜色和生长情况等。创面可做按压标本的细胞学检查，有助于了解机体的免疫机能状态。

（四）创伤的治疗

1. 局部手术治疗

（1）清洁创围：清洁创围的目的在于防止创伤感染，促进创伤愈合。清洁创围时，先用数层灭菌纱布块覆盖创面，防止异物落入创内。后用剪毛剪将创围被毛剪去，剪毛面积以距创缘周围 5～10 cm 为宜。创围被毛如被血液或分泌物黏着时，可用 3％过氧化氢和氨水（200∶4）混合液将其除去。再用 70％乙醇棉球反复擦拭紧靠创缘的皮肤，直至清洁干净。距离创缘较远的皮肤，可用肥皂水和消毒液洗刷干净，但应防止洗刷液落入创内。最后用 5％碘酊和 75％乙醇以 5 min 的间隔，两次涂擦创围皮肤（图 30 - 1、图 30 - 2）。

（2）清洗创面：揭去覆盖创面的纱布块，用生理盐水冲洗创面后，持消毒镊除去创面上的异物、血凝块或脓痂。再用生理盐水或防腐液反复清洗创伤（图 30 - 3），直至清洁。创腔较浅且无明显污物时，可用浸有药液的棉球轻轻地清洗创面；创腔较深或存有污物时，可用洗创器吸取防腐液冲洗创腔，并随时除去附于创面的污物，但应防止过度加压形成的急流冲刷创伤，以免损伤创内组织和扩大感染。清洗创腔后，用灭菌纱布块轻轻地擦

图 30-1 用数层灭菌纱布块覆盖创面

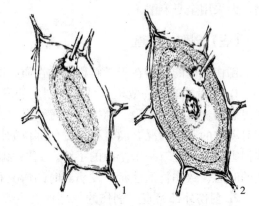

图 30-2 用 5％碘酊和 75％乙醇以 5 min 的间隔，由内向外对创缘皮肤进行消毒

拭创面，以便除去创内残存的液体和污物。

（3）清创手术：用外科手术的方法将创内所有的失活组织切除，除去可见的异物、血凝块，消灭创囊、凹壁，扩大创口（或做辅助切口），保证排液畅通，力求使新鲜污染创变为近似手术创伤，争取创伤的一期愈合。

根据创伤的性质、部位、组织损伤的程度和伤后经过的时间不同，对每个创伤施行清创手术的内容也不同。一般手术前均需进行彻底的消毒，后对动物实施麻醉。

修整创缘时，用外科剪或手术刀除去破碎的创缘皮肤和皮下组织（图 30-4），造成平整的创缘以便于缝合；扩创时，沿创口的上角或下角切开组织，扩大创口，消灭创囊、龛壁，充分暴露创底（图 30-5、图 30-6），除去异物和血凝块，以使排液通畅或便于引流。对创腔深、创底大和创道弯曲不便于从创口排液的创伤，可选择创底最低处且靠近体表的健康部位，尽量于肌间结缔组织处做适当长度的辅助切口一至数个，以利排液。创伤部分切除时，除修整创缘和扩大创口外，还应切除创内所有失活破碎组织，造成新创壁。失活组织一般呈暗紫色，刺激不收缩，切割时不出血，无明显疼痛反应。为彻底切除失活组织，在开张创口后，除去离断的筋膜，分层切除失活组织，直至有鲜血流出的组织（图 30-7、图 30-8）。随时止血，随时除去异物和血凝块。对暴露的神经和健康的血管应注意保护。清创手术完毕，用防腐液清洗创腔，按需要用药、引流、缝合和包扎。

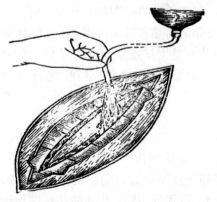

图 30-3 用大量生理盐水冲洗创口

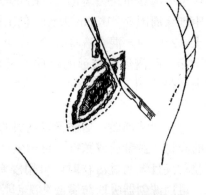

图 30-4 切除已坏死的创缘皮肤

图 30-5　扩大创口，以便进行深部
组织的清创

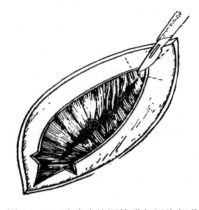

图 30-6　对破碎的深筋膜与污染部分
进行切除与深筋膜切开

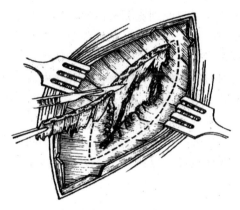

图 30-7　充分切开深筋膜后，暴露挫灭
坏死的肌肉创缘并切除

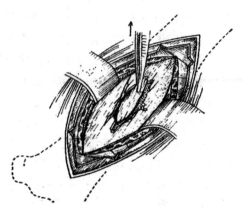

图 30-8　如有碎骨片，应取出

　　（4）创伤用药：创伤用药的目的在于防止创伤感染，加速炎性净化，促进肉芽组织和上皮新生。药物的选择和应用取决于创伤的性状、感染的性质、创伤愈合过程的阶段等。如创伤污染严重，外科处理不彻底、不及时或因解剖特点不能施行外科处理时，为了消灭细菌，防止创伤感染，早期应用广谱抗菌性药物。对创伤感染严重的化脓创，为了消灭病原菌和加速炎性净化，应用抑菌性药物和加速炎性净化的药物。对肉芽创应使用保护肉芽组织和促进肉芽组织生长以及加速上皮新生的药物。总之，应用于创伤的药物，应既能抑菌，又能抗毒与消炎，且对机体组织细胞损害作用小者为最佳。

　　（5）创伤缝合法：根据创伤情况可分为初期缝合、延期缝合和肉芽创缝合。

　　初期缝合是对受伤后数小时的清洁创或经彻底外科处理的新鲜污染创施行缝合（图 30-9），其目的在于保护创伤不发生继发感染，有助止

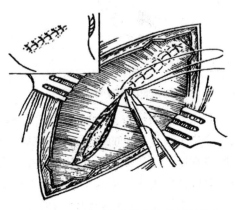

图 30-9　肌肉、筋膜做连续或间断缝合

血，闭合创口，使两侧创缘和创壁相互接着，为组织再生创造良好条件。适合于初期缝合的创伤条件：创伤无严重污染，创缘及创壁完整，且具有生活力，创内无较大的出血和较大的血凝块，缝合时创缘不致因牵引而过分紧张，且不妨碍局部的血液循环等。临床实践中，常根据创伤的不同情况，分别采取不同的缝合措施。有的施行创伤初期密闭缝合；有的做创伤部分缝合，于创口下角留一排液口，便于创液的排出；有的施行创口上下角的数个疏散结节缝合，以降低创口裂开的风险并弥补皮肤的缺损；有的先用药物治疗 3～5 d，无创伤感染后，再施行缝合，称此为延期缝合。经初期缝合后的创伤，如出现剧烈疼痛、肿胀显著，甚至体温升高时，说明已出现创伤感染，应及时部分或全部拆线，进行开放疗法。

肉芽创缝合又称二次缝合，用以加速创伤愈合，减少疤痕形成。适合于肉芽创，创内应无坏死组织，肉芽组织呈红色平整颗粒状，肉芽组织上被覆的少量脓汁内无厌氧菌存在。对肉芽创经适当的外科处理后，根据创伤的状况施行接近缝合或密闭缝合。

（6）创伤引流法：当创腔深、创道长、创内有坏死组织或创底潴留渗出物等时，可用引流法使创内炎性渗出物流出创外。引流疗法（图 30 - 10、图 30 - 11）以纱布条引流最为常用，多用于深在化脓感染创的炎性净化阶段。纱布条引流具有毛细管引流的特性，只要把纱布条适当地导入创底和弯曲的创道，就能将创内的炎性渗出物引流至创外。引流纱布是将适当长、宽的纱布条浸以药液（如青霉素溶液、中性盐类高渗溶液、奥立夫柯夫液、魏斯聂夫斯基流膏等）制成的。放置时用长镊子将引流纱布条的两端分别夹住，先将一端疏松地导入创底，另一端游离于创口下角。作为引流物的纱布条，根据创腔的大小和创道的长短，可做成不同的宽度和长度。纱布条越长，则其条幅也应宽些。将细长的纱布条导入创内时，因其形成圆球而不起引流作用。

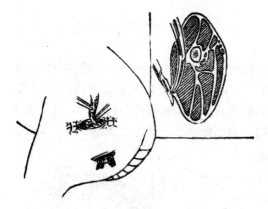
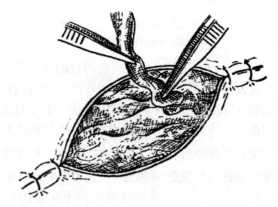

图 30 - 10　在强大肌群处有深部创腔，应在创腔底部做反对口引流

图 30 - 11　缺损过大，可做减张缝合或向创内填充纱布引流

临床上除用纱布条做主动引流之外，也常用胶管、塑料管做被动引流。换引流物的时间，取决于炎性渗出的数量、患病动物全身性反应和引流物是否起引流作用。炎性渗出物多时应常换。创伤炎性肿胀和炎性渗出物增加、体温升高、脉搏增数是引流受阻的标志，应及时取出引流物做创内检查，并更换引流物。引流物也是创伤内的一种异物，长时间使用能刺激组织细胞，妨碍创伤的愈合。因此，当炎性渗出物很少时，应停止使用引流物。对炎性渗出物排出通畅的创伤、已形成肉芽组织坚强防卫面的创伤、创内存有大血管和神

经干的创伤，以及关节和腱鞘创伤等，均不应使用引流疗法。

（7）创伤包扎法：创伤包扎，应根据创伤具体情况而定。一般经外科处理后的新鲜创都要包扎。创伤包扎不仅可以保护创伤免于继发损伤和感染，且能保持创伤安静、保温，有利于创伤愈合。但当创内有大量脓汁、厌氧性及腐败性感染，以及炎性净化后出现良好肉芽组织的创伤，一般可不包扎，采取开放疗法。创伤绷带用 3 层，即从内向外由吸收层（灭菌纱布块）、接受层（灭菌脱脂棉块）和固定层（卷轴带、三角巾、复绷带或胶绷带等）组成。对创伤做外科处理后，根据创伤的解剖部位和创伤的大小，选择适当大小的吸收层和接受层放于创部，固定层则根据解剖部位而定。四肢部用卷轴带或三角巾包扎（图30-12），躯干部用三角巾、复绷带或胶绷带固定。

创伤绷带的更换时间应按具体情况而定。当绷带已被浸湿而不能吸收炎性渗出物时、脓汁流出受阻时，以及需要处置创伤时等，应及时更换绷带，否则可以适当延长时间。更换绷带时，应轻柔、仔细，严密消毒，防止继发损伤和感染。创伤换绷带包括取下旧绷带、处理创伤和包扎新绷带三个环节。

图30-12　犬四肢卷轴包扎法

2. 全身疗法　患病动物是否需要全身性治疗，应按具体情况而定。许多患病动物因组织损伤轻微、无创伤感染及全身症状等，可不进行全身性治疗。当患病动物出现体温升高、精神沉郁、食欲减退、白细胞增多等全身症状时，则应施行必要的全身性治疗，防止病情恶化。

（1）抗休克疗法：部分创伤由于在受伤的同时有大量的出血或后期发生感染，极容易发生休克，所以在局部治疗的同时应该积极地进行抗休克疗法。对伴有大出血和创伤愈合迟缓的动物，应输入血浆代用品或全血，也可以大量补液并纠正酸中毒。

（2）纠正水与电解质失衡：创伤后由于大量失血造成机体脱水，如果感染势必会造成电解质的失衡，所以及时补液是必要的，同时应补充葡萄糖和电解质。

（3）加强饲养管理：增强机体抵抗力，能促进伤口愈合；对严重的创伤，应给予高蛋白及富含维生素的饲料。

（4）对症疗法：根据伤情，采取必要的输液、强心措施，注射破伤风抗毒素或类毒素；对局部化脓性炎症剧烈的患病动物，为了减少炎性渗出和防止酸中毒，可静脉注射10％氯化钙溶液 100～150 mL 和 5％碳酸氢钠溶液 500～1 000 mL，必要时连续使用抗生素或磺胺类制剂以及采取强心、补液、解毒等措施。

五、注意事项

（1）小而浅的刺创或切创，创缘和创壁平整而未分离时，不需要清创处理，可自行愈合。但如创道过深而污染严重或伤及特殊组织，则需要扩大创口彻底清创。

（2）较大、较深的裂创或切割创，创缘不整，创壁不平，不易自行对合，特别是污染严重和组织损伤较多的，都需要彻底清创，使创缘、创壁重新对合，以获得一期愈合。

（3）创口较大、软组织破坏或缺损较多，而创腔较深的创伤，清创后不能缝合者，可用丝线将创缘缝拉数针，使创腔缩小并进行引流，待肉芽组织填充修复。

（4）贯通创的入口和出口应分别清创，不做初期缝合，积极争取延期缝合，或入口做初期缝合，出口留做延期缝合。

（5）盲管创的创口小，创腔深广，清创时创口应扩大到能在创腔底部进行清创处理为宜，并在必要时做低位的反对口引流，不做初期缝合，争取延期缝合。

实验三十一

烧伤的诊断与治疗

烧伤是由热力（火焰、热水、蒸汽等）、电流、激光、放射线或化学物质（强酸、强碱等）等作用于动物机体所引起的局部或全身性损害。烧伤的严重程度取决于受伤组织的范围和深度，烧伤深度可分为Ⅰ度、Ⅱ度和Ⅲ度。其中，由高温热力所引起烧伤称热烧伤，而本实验着重于热烧伤的诊断与治疗。

一、实验目的与要求

（1）掌握烧伤的诊断方法。
（2）掌握烧伤的治疗方法。

二、实验所需器材及药品

1. 器材　手术刀、手术剪、手术镊、止血钳、剪毛剪、脱脂纱布、脱脂棉等。
2. 药物
（1）镇静药物：地西泮、氯丙嗪、普鲁卡因、利多卡因等。
（2）镇痛药物：安痛定、哌替啶、杜冷丁、吗啡等。
（3）强心药物：樟脑磺酸钠、强尔心、安钠咖等。
（4）烧伤创面用药：紫草膏、京万红软膏、烧伤止痛药膏、紫花烧伤软膏、湿润烧伤膏；碘甘油、制霉菌素、三苯甲咪唑、四季青水剂、三黄油浸剂等；2%春雷霉素液、2%苯氧乙醇液、烧伤宁、10%甲磺灭脓液、枯矾冰片溶液（枯矾 $0.75 \sim 1$ g，冰片 0.25 g，水加至 100 mL）、4%硼酸溶液、食醋等。
（5）其他：食盐、胶体液、血浆代用品、5%碳酸氢钠溶液、生理盐水、林格液、0.5%氨水、肥皂、70%乙醇、2%～3%硼酸、5%鞣酸、3%龙胆紫液、高锰酸钾粉、维生素 C、头孢类抗生素、甲硝唑等抗菌药物等。

三、实验动物

猪、羊、犬、白色家兔或大鼠。

四、实验内容和方法

（一）烧伤病例模型的制造

通过汽油混合燃料燃烧（或沸水触烫）实验，制作动物烧烫伤模型。选取背部作为烧烫伤部位，烧烫伤时间分别持续 15 s、20 s、25 s、30 s、40 s。烧伤后对局部组织进行形态和组织病理学观察，观察有无毛囊、汗腺等附件受损，据此判断烧伤程度。

（二）烧伤程度的判断

Ⅰ度烧伤：损伤表皮层。临床表现可见创面呈红斑状，微肿，刺痛，无水疱，一般 3～5 d 后痊愈，无瘢痕。

浅Ⅱ度烧伤：损伤达真皮浅层。临床表现为水疱饱满，疱皮薄；创面基底潮红，痛觉敏感；水肿明显，一般无感染者 2 周左右愈合，无瘢痕，短期有色素沉着。

深Ⅱ度烧伤：损伤达真皮深层。有皮肤附件残留，临床表现为水疱小，皮厚；创面基底苍白或呈红白相间样，痛觉迟钝，有拔毛痛；水肿，一般无感染者 3～5 周后愈合，有瘢痕和色素沉着。

Ⅲ度烧伤：损伤达真皮全层，有时可深达皮下组织、肌肉和骨骼。临床表现创面基底蜡白或焦黄、干燥、皮革样，可有树枝状血管栓塞，痛觉丧失，一般 3～5 周后焦痂脱落呈现肉芽创面，面积小者可瘢痕愈合，面积大者需植皮才能愈合。

（三）烧伤治疗

1. 治疗原则　积极防治低血容量性休克，加强创面处理，促使创面早日愈合，减少后期瘢痕畸形，防治局部和全身感染、维护内脏功能，防治器官并发症。

2. 现场急救

（1）清除热源：火焰烧伤时，对动物体上的火焰，可就地取材，用水或用某些覆盖物灭火。使动物保持安静，切勿奔跑，以免火借风势烧得更旺，加重烧伤。

（2）镇静止痛：可酌情使用止痛片、地西泮或哌替啶。面积小的肢体烧伤可用冷水浸淋或冲淋（一般需浸淋 0.5 h），可减轻疼痛与损害。

（3）保护创面：用清洁的布单或衣服简单包裹创面，避免污染和再次损伤。

3. 防止休克　Ⅱ度以上的烧伤，患病动物都有发生休克的可能，尤以体质衰弱、幼龄和老龄动物更易发生，应及早防治。

（1）镇静、镇痛：伤后使患病动物安静，注意保温，肌内注射氯丙嗪，皮下注射杜冷丁、吗啡，静脉注射 0.25% 盐酸普鲁卡因溶液。

（2）维持心功能：为了维持心功能，可静脉注射樟脑磺酸钠、强尔心、安钠咖等。

（3）维持循环：为了提高血压，维持血容量，改善微循环，应补充液体，如患病动物能经口饮水，可加适量的食盐，可减少静脉给予的量。如患病动物拒饮，可经静脉补以大剂量的液体，量可根据临床和血液检查决定。补液种类为胶体液、血浆代用品及电解质溶液。有酸中毒倾向时，可静脉注射 5% 碳酸氢钠溶液。

4. 创面处理　及时合理地处理创面是防治感染、预防败血症和促进创伤愈合的主要环节，一般应在抗休克之后进行。又称烧伤清创术。

（1）患部清理、冲洗：首先剪除烧伤部周围的被毛，用温水洗去沾染的泥土，继续用温肥皂水或0.5%氨水洗涤伤部（头部烧伤不可使用氨水），再用生理盐水洗涤、拭干，眼部宜用2%～3%硼酸溶液冲洗。

轻轻拭去表面的黏附物。小水疱无需处理，大水疱可用注射器抽空或剪一小孔放液。水疱皮清洁、未污染者，不必去除，原位覆盖。已污染或剥脱的疱皮，则可剪除。最后用70%乙醇消毒伤部及周围皮肤。

创面污染重或有深度烧伤者，均应注射破伤风抗毒素预防破伤风。清创后可根据烧伤部位、深度、面积等情况，采用包扎疗法或暴露疗法。

（2）包扎疗法：肢体的创面多采用包扎疗法。清创后先用一层药物或凡士林纱布敷盖创面，外加2～3 cm厚的吸收性敷料，然后从远端向近端以绷带均匀加压（但勿过紧）包扎。包扎时指（趾）与指（趾）应分开，指（趾）端应外露，关节应固定于功能位。包扎后，应经常检视敷料松紧，有无浸透、臭味，肢端循环是否正常等，如渗出物湿透敷料、创面疼痛加剧并有臭味时，可能有感染存在，应及时更换敷料，如没有感染征象，可于伤后3～5 d更换敷料。

（3）暴露疗法：头面部、颈部和会阴部的创面宜采用暴露疗法，大面积烧伤也可用暴露疗法。

（4）患部用药：Ⅰ度烧伤创面经清洗后，不必用药，保持干燥，即可自行痊愈。Ⅱ度烧伤创面可用5%～10%高锰酸钾液连续涂布3～4次，使创面形成痂皮，也可用5%鞣酸或3%龙胆紫液等涂布，或用涂有紫草膏、京万红软膏、烧伤止痛药膏、紫花烧伤软膏、湿润烧伤膏、碘甘油、制霉菌素、三苯甲咪唑、四季青水剂、三黄油浸剂等烧伤类药膏的纱布覆盖创面，隔1～2 d换药一次，如无感染可持续应用，直至治愈。用药后，一般行暴露疗法，对四肢下部的创面可行绷带包扎。

创面的晚期处理，仍要以控制感染、加速创面愈合为原则。为了加速坏死组织脱落，特别是干痂脱落，可应用上述油膏。对Ⅲ度烧伤的焦痂，可采用自然脱痂、油剂软化脱痂和手术切痂的方法。焦痂除去后，可用0.1%新洁尔灭液等清洗，干燥后涂布上述油膏。

如有铜绿假单胞菌感染，可用2%春雷霉素液湿敷或用2%苯氧乙醇液、烧伤宁、10%甲磺灭脓液，也可用枯矾冰片溶液、4%硼酸溶液、食醋湿敷。

加外，可应用于真菌感染的药物有碘甘油、制霉菌素、三苯甲咪唑等；具有消炎、收敛、促进结痂的中药制剂有四季青水剂、三黄油浸剂等。

（5）手术植皮：Ⅲ度烧伤面积较大，创面自然愈合时间较长，并因疤痕挛缩，造成机体畸形，影响机体功能。因此对其肉芽创面应于早期实行皮肤移植手术，以加速创面愈合、减少感染机会并防止疤痕挛缩。

（6）防治败血症：良好的抗休克措施，及时的创面处理，合理的饲养管理是预防全身性感染的重要措施，应予重视。对Ⅱ度烧伤以上的动物，应在伤后两周内，应用大剂量抗生素，以控制全身性感染。青霉素和链霉素联合应用，或者应用广谱抗生素，一般能收到良好的效果，必要时也可应用广谱抗生素。有败血症症状时，按败血症治疗。

五、注意事项

（1）烧烫伤模型制作过程中要注意掌握烧烫伤程度。

（2）烧烫伤治疗过程中要控制继发感染。

（3）烧伤深度在伤后短时间内可能不易判断，如Ⅰ度烧伤可因组织反应继续进行而变为浅Ⅱ度烧伤，深Ⅱ度烧伤如发生感染也可变为Ⅲ度烧伤，休克也可能加深组织损伤深度。所以一般在伤后 2～3 d，应重新对烧伤创面深度进行判断。

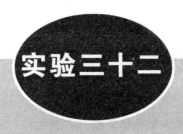

冻伤的诊断与治疗

冻伤是机体遭受低温侵袭所引起的局部或全身性损伤。冻伤的程度与寒冷的强度成正比。潮湿可增强寒冷的致伤力，局部血流障碍、抵抗力下降、营养不良等是间接引起冷损伤的原因。一般而言，温度越低，湿度越高，风速越高，暴露时间越长，发生冷损伤的机会越大，也越严重。冻伤常发生于机体末梢、缺乏被毛或被毛发育不良以及皮肤薄的部位。

一、实验目的与要求

（1）掌握冻伤的诊断方法。
（2）掌握冻伤的治疗方法。

二、实验所需器材及药品

1. 实验器材　手术刀、手术剪、手术镊、止血钳、剪毛剪、脱脂纱布、药棉等。
2. 药物
（1）镇静药物：地西泮、氯丙嗪、普鲁卡因、利多卡因等。
（2）镇痛药物：安痛定、哌替啶、杜冷丁、吗啡等。
（3）冻伤创面用药：3％龙胆紫溶液、5％碘酊、低分子右旋糖酐、肝素、盐酸普鲁卡因、樟脑乙醇、碘甘油、樟脑油、生理盐水、高锰酸钾粉等。
（4）其他：破伤风类毒素、破伤风抗毒素、0.5％氨水、肥皂水、75％乙醇、2％～3％硼酸、5％鞣酸、3％龙胆紫液、维生素 C、头孢类抗生素、甲硝唑等抗菌药物等。

三、实验动物

羊、犬、白色家兔或大鼠。

四、实验内容和方法

（一）冻伤病例模型的制造

建立羊、犬、白色家兔或大鼠冻伤模型。方法为将一定量的液氮滴至皮肤上，分别观察 3 s、5 s、10 s 的致伤结果，判定冻伤程度，建立动物冻伤模型。

（二）冻伤程度的诊断

Ⅰ度冻伤：以发生皮肤及皮下组织的疼痛性水肿为特征。数日后局部反应消失，其症状表现轻微，在动物常不易被发现。

Ⅱ度冻伤：皮肤和皮下组织呈弥漫性水肿，并扩延到周围组织，有时在患部出现水疱，其中充满乳光带血样液体。水疱自溃后，形成愈合迟缓的溃疡。

Ⅲ度冻伤：以血液循环障碍引起的不同深度和广度的组织干性坏死为特征。患部冷厥而缺乏感觉，皮肤先发生坏死，有的皮肤与皮下组织均发生坏死，或达骨骼部引起全部组织坏死。通常因静脉血栓形成、周围组织水肿以及继发感染而出现湿性坏疽。

（三）冻伤的急救和治疗

1. 急救　重点在于消除寒冷作用，使冻伤组织复温，恢复组织的血液和淋巴循环，并采取措施预防感染。为此，应使患病动物脱离寒冷环境，移入温暖环境，用肥皂水洗净患部，然后用樟脑乙醇擦拭或进行复温治疗。

复温：复温治疗常用温水浴法进行。开始用 18～20 ℃ 的水进行温水浴，在 25 min 内不断向其中加热水，使水温逐渐达到 38 ℃，如在水中加入高锰酸钾（1∶500），并对皮肤无破损的伤部进行按摩更为适宜。当冻伤的组织刚一变软且组织血液循环开始恢复，即达到复温目的。在不便于温水浴复温的部位，可用热敷复温，其温度与温水浴时相同。

复温后用肥皂水清洗患部，用 75％乙醇涂擦，然后用保暖绷带进行包扎和覆盖。

2. 治疗

Ⅰ度冻伤治疗：必须恢复血管的紧张力，消除淤血，促进血液循环和水肿的消退。先用樟脑乙醇涂擦患部，然后涂布碘甘油或樟脑油，并使用装着棉花纱布软垫的保温绷带。或用按摩疗法和紫外线照射治疗。

Ⅱ度冻伤治疗：主要任务是促进血液循环、提高血管的紧张力、预防感染、加速疤痕和上皮组织的形成。为解除血管痉挛、改善血液循环，可用盐酸普鲁卡因封闭疗法，根据患病部位的不同，可选用静脉内封闭、四肢环状封闭疗法。为了减少血管内凝血与栓塞，改善微循环，可于静脉内注射低分子右旋糖酐和肝素。广泛的冻伤需于早期应用抗生素疗法。局部可用 5％龙胆紫溶液或 5％碘酊涂擦露出的皮肤乳头层，并装以乙醇绷带或行开放疗法。

Ⅲ度冻伤治疗：主要是预防湿性坏疽发生。对已发生的湿性坏疽，应加速坏死组织的断离，或者切除坏死组织，促进肉芽组织的生长和上皮的形成，预防全身性感染。坏死较深的应于早期注射破伤风类毒素或破伤风抗毒素，并施行对症疗法。

五、注意事项

（1）复温时不可用火烤，火烤使局部代谢加快，而血管又不能相应地扩张，反而加重局部损害。用雪擦患部也是错误的，因其可加速局部散热与损伤。

（2）冻伤模型制作过程中要注意掌握冻伤程度。

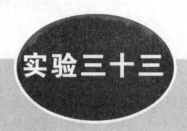

窦道和瘘的诊断与治疗

实验三十三

临床中窦道常见于创内异物滞留而使创伤愈合难以完成，或者创内发生严重的化脓坏死性炎症过程，如脓肿、蜂窝织炎、开放性化脓性骨折、腱及韧带的坏死、骨坏疽及化脓性骨髓炎等，而同时创伤深部脓汁不能顺利排出，使大量脓汁潴留而形成脓窦。也见于长期不正确地使用引流等。

瘘一般有先天性和后天性之分。先天性瘘是胚胎期间畸形发育的结果，如脐瘘、膀胱瘘及直肠-阴道瘘等。此时瘘管壁上常被覆上皮组织。后天性瘘较为多见，是腺体器官及空腔器官的创伤或手术之后发生的。如动物常见有胃瘘、肠瘘、食道瘘、颊瘘、腮腺瘘及乳腺瘘等。

一、实验目的与要求

（1）掌握窦道和瘘的基本诊断技术。
（2）掌握窦道和瘘的基本治疗技术。

二、实验所需器材及药品

甲种手术器械包、纯银探针、抗生素、生理盐水、葡萄糖、强尔心、尼可刹米、地塞米松等。

三、实验动物

马、牛、羊、犬。

四、实验内容和方法

（一）病例模型的建立

实验前由教师制造感染化脓创所形成的窦道和胃瘘。

（二）窦道和瘘的基本诊断

1. 保定与麻醉

（1）保定：马属动物进行右侧卧保定，反刍动物在六柱栏内站立保定或左侧卧保定，犬进行仰卧或侧卧保定。

（2）麻醉：马属动物应进行全身麻醉，反刍动物可采用局部麻醉并配合止痛、镇静药物，犬采用全身麻醉。

2. 窦道的诊断　一般在临床上由于创伤或感染化脓灶所形成的窦道，可见从体表的窦道口不断地排出脓汁。当深部存在脓窦且有较多的坏死组织，并处于急性炎症过程时，脓汁量大而较为稀薄并常混有组织碎块和血液。病程延长，窦道壁已形成瘢痕，且窦道深部坏死组织很少时，则脓汁少而黏稠。当窦道口过小，位置较高，脓汁大量潴留于窦道底部，常于自动或他动运动时，因肌肉的压迫而使脓汁的排出量增加。窦道口下方的被毛和皮肤上常附有干涸的脓痂，由于脓汁的长期浸渍而形成皮炎，被毛脱落。此外，窦道壁的构造、方向和长度因病程的长短和致病因素的不同而有差异。新发生的窦道，管壁肉芽组织未形成瘢痕，管口常有肉芽组织赘生。陈旧的窦道因肉芽组织瘢痕化而变得狭窄而平滑。一般在临床上根据上述症状即可做出诊断。如果要对窦道内部的构造做进一步的诊断就必须探诊。

探诊时要对窦道的方向、深度、有无异物等进行全面诊断。探诊时用灭菌金属探针或硬质胶管，必要时可用消毒过的手指进行（图 33-1）。探诊时必须小心细致，如发现异物时应进一步确定其存在部位，与周围组织的关系，异物的性质、大小和形状等。探诊时必须确实保定，防止患病动物骚动。要严防感染的扩散和人为窦道的发生。必要时也可进行 X 线诊断。

3. 瘘的临床诊断　对胃瘘在临床上可见从瘘管向外排出的胃内容物。瘘管表面有结缔组织增生而形成的光滑道壁。

图 33-1　窦道的探诊

（三）窦道和瘘的治疗

1. 窦道的治疗　窦道治疗的重点是消除病因和病理性管壁，通畅引流以利愈合。

动物常规保定、麻醉后，窦道周围常规剃毛、消毒。然后进行窦道内部的检查性治疗，对窦道内的异物及坏死组织进行清除，手术必要时可以借助于器械和探针，同时对窦道的壁和窦道的形状进行详细了解，也应检查脓汁的量、性质（稀薄或黏稠）、颜色等。然后冲洗窦道，冲洗时先用生理盐水进行初步冲洗，然后用双氧水或利凡诺进行消毒冲洗，最后用生理盐水冲洗并加入一定的抗生素。对新鲜的窦道做假缝合或延期缝合都可以取得理想的愈合。

对窦道口过小、管道弯曲，由于排脓困难而潴留脓汁的情况，可扩开窦道口，根据情况造反对孔或做辅助切口，导入引流物以利于脓汁的排出。

对陈旧性窦道，且窦道管壁有不良肉芽或形成瘢痕组织者，可手术切除过多的肉芽组织，创造一个新鲜的创伤，然后缝合。

2. 瘘的治疗

（1）对肠瘘、胃瘘、食道瘘、尿道瘘等排泄性瘘管必须采用手术疗法。其要点是用纱布堵塞瘘管口，扩大创口，剥离粘连的周围组织，找出通向空腔器官的内口，除去堵塞物，检查内口的状态，根据情况对内口进行修整手术、部分切除术或全部切除术，密闭缝合，修整周围组织，缝合。手术中一定要尽可能防止污染新创面，以争取第一期愈合。

（2）对腮腺瘘等分泌性瘘，可向管内灌注 20% 碘酊、10% 硝酸银溶液等。或先向瘘内滴入甘油数滴，然后撒布高锰酸钾粉少许，用棉球轻轻按摩，利用其烧灼作用破坏瘘的管壁。一次不愈合者可重复应用。上述方法无效时，对腮腺瘘可先用注射器在高压下向管内灌注溶解的石蜡，后装着胶绷带。也可先注入 5%～10% 的甲醛溶液或 20% 的硝酸银溶液 15～20 mL，数日后当腮腺已发生坏死时进行腮腺摘除术。

五、注意事项

（1）窦道在探诊时一定要仔细、小心，动物必须确实保定，防止患病动物骚动，造成感染扩散和人为窦道发生。

（2）窦道和瘘在缝合前要切除增生的结缔组织，创造一个新鲜的创面，以加速其愈合过程。

实验三十四

眼科检查与治疗

由于视觉功能的需要，眼常处于暴露状态，发病概率较高。眼的结构复杂精细，看似轻微的损伤，也能引起严重的后果，常需要及时进行治疗，否则易引起视觉器官不可逆的损伤，甚至导致动物失明。由于动物不善于自主保护眼，一旦眼部不适，常不断搔抓眼部，从而加剧病情。此外，眼部的某些病变也与其他系统疾病相互影响，相互关联。因此，系统检查、准确诊断、恰当治疗，是提高眼病治愈率的关键。

一、实验目的与要求

（1）掌握眼科一般检查和特殊检查方法。
（2）掌握眼病用药和一般治疗技术。

二、实验所需器材及药品

角膜镜、蜡烛、检眼镜、手电筒、注射器（5 mL、10 mL）、生理盐水、硼酸溶液、硫酸阿托品、盐酸普鲁卡因、常用眼药水和眼膏等。

三、实验动物

牛、马、羊、犬。

四、实验内容和方法

（一）眼的一般检查

检查前，确实保定动物，必要时可使用镇静剂。

1. 视诊　应将实验动物确实保定或者牵至安静场所，使其头部朝向自然光线，由外向内按一定顺序进行检查。

（1）眼睑：观察眼睑有无外伤、肿胀、新生物；眼睑有无内翻、外翻，及眼睑开闭情况等。

（2）结膜：观察结膜色彩，有无创伤、充血、出血、肿胀、溃疡、异物或分泌物及分泌物的性质。

（3）角膜：观察角膜有无外伤，角膜的透明度、穹隆度、光滑度。观察角膜有无新生血管或者赘生物。角膜上出现树枝状新生血管为浅层炎症表现，若呈毛刷状则为深层炎症征象。

（4）巩膜：观察其色彩及血管分布情况。

（5）虹膜：观察虹膜色彩和纹理。

（6）瞳孔：观察其大小、形状和对光反应。瞳孔遇强光缩小，在黑暗处放大。

（7）晶状体：观察其位置及透明度，有无向前或向后脱位现象，有无混浊和色素斑点存在，可使用阿托品散瞳以便观察。

2. 触诊　主要检查眼睑的肿胀程度与范围、温热程度和眼的敏感度以及眼内压的变化等。

（二）眼的特殊检查

1. 角膜镜检查　检查时，被检查动物背光站立。检查者打开被检一侧眼睑，并将角膜镜（图 34 - 1）同心圆对准被检眼，并在眼前活动。检查者通过角膜镜中心小圆孔，观察角膜所映照的同心圆影像。同心圆规则，表示角膜平整透明、弯曲度正常、角膜无异常；同心圆为椭圆形，表示角膜不平整；角膜表面有溃疡或不平滑时反映的图像则呈波纹样、锯齿状，不是同心形，甚至为间断残缺图像，则为角膜混浊或有伤痕的表现。

图 34 - 1　角膜镜

2. 烛光成像检查　在被检眼的侧面放置一只点燃的蜡烛，将烛光前后移动，并观察眼内的烛光映像。在正常动物的眼内可看到三个深浅不同的映像（图 34 - 2）：角膜面可见大而明亮的正像，晶状体前囊反映为最大最暗淡的正像，晶状体后囊反映为最小的倒像。若移动烛光，第一和第二映像随烛光同向移动，第三个映像则反向移动。若三个映像全部不清，表示角膜混浊、角膜透光和反光不良；若第一个映像清晰，第二个和第三个映像不清，表示角膜正常，晶状体反光不良、房水或者晶状体透光不良或晶状体缺损；若仅第三个映像不清表示角膜、房水、晶状体前囊正常，晶状体透光和反光不良。

图 34 - 2　烛光成像检查

3. 检眼镜检查　须在暗处并散大瞳孔的情况下进行，主要看眼底部的变化。可发现如视网膜剥脱、出血、视神经乳头水肿及其萎缩等异常。检查眼底前，应当向被检眼滴入1％阿托品 3～5 滴，15 min 后，瞳孔散开，开始检查。检查者手持检眼镜（图 34 - 3）靠近被检眼 1～2 cm，使光源对准瞳孔，调整好转盘。检查者由镜孔通过瞳孔观察眼底情况。在眼底的上方，可以看到绿毯。眼底的下方可以看到黑毯。在眼底可见视神经乳头，呈圆形或者椭圆形。在视神经乳头四周有分布的血管。

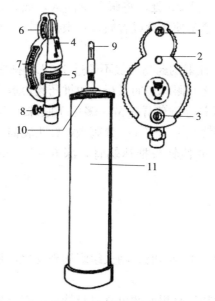

图 34 - 3　直接检眼镜

1. 屈光度副盘镜片读数观察孔　2. 窥视孔
3. 屈光度镜片读数观察孔　4. 平面反射
5. 光斑转换盘　6. 屈光镜片副盘　7. 屈光镜片主盘
8. 固定螺丝　9. 光源　10. 开关　11. 镜柄

4. 眼压测定　测量眼压时，动物保定要避免压迫颈部或者按压眼球，否则可导致眼压升高。接触式眼压计（图 34 - 4）需要调整保护套，不能太松或太紧。回弹式眼压计使用前需要使用压缩空气进行清洁。取三次检查结果的平均值作为眼压的测定值。牛和马的正常眼压为 1.87～2.93 kPa，绵羊 2.57 kPa，犬 1.99～3.33 kPa，猫 1.87～3.47 kPa。

5. Schirmer 泪液试验（Schirmer tear test，STT）　动物在自然状态下，将 Schirmer 试纸条的一端置于被检眼的下结膜囊内，其余部分悬于皮肤表面，1 min 后取出试纸条，记录试纸条被泪液浸湿的长度（图 34 - 5）。STT 值低，提示发生干性角膜结膜炎。

图 34 - 4　压平式眼压计（接触式、非回弹式）

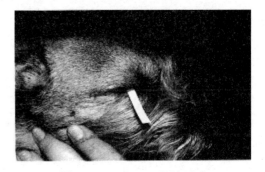

图 34 - 5　Schirmer 泪液试验

（三）眼病的一般治疗

1. 洗眼　将患眼结膜囊内的分泌物清洗干净。使用不带针头的 10 mL 注射器吸取 2％硼酸溶液或者生理盐水冲洗患眼，直至流出的洗眼液清亮。

2. 点眼　在距离患眼 2～3 cm 处，将眼药水滴入，或者将眼膏挤入患眼结膜囊内，再用手轻轻按摩患眼。应注意勿使滴管或者瓶口距眼部过近，避免眼睑毛发污染或者损伤患眼。

3. 结膜下注射　结膜下注射的药物一般不超过 1 mL。操作时保定动物的头部，针头由眼外眦结膜处刺入，并使之与眼球表面平行，边推药物边退针，直至注射完药物。

4. 球后注射　又称为眼神经的传导麻醉，多用于眼球手术。操作时注意不要损伤眼球。于颞窝口腹侧角、颞突背侧 1.5～2 cm 处刺入，针头朝向对侧的角突，为此，应将针头由水平面稍微向下倾斜，并使针头抵达蝶骨，深 6～10 cm，注射 3% 盐酸普鲁卡因 20 mL。

五、注意事项

（1）了解眼的解剖结构、生理功能、相关组织病理变化，是准确诊疗眼病的基础，要求充分掌握。

（2）眼病种类繁多，症状具有相似性也有自身特征，需要采取多种方法进行诊断，并通过对因、对症治疗等措施，提升治疗效果。

耳、鼻、口腔疾病的诊断与治疗

头部疾病中，除眼病外，耳部、鼻腔及口腔疾病也是危害动物健康的一大类疾病，如外耳炎、中耳炎、副鼻窦蓄脓、扁桃体炎等，如果治疗不及时会严重危及生命，所以积极而有效地对此类疾病做出诊断与治疗是非常必要的。

一、实验目的与要求

(1) 掌握外耳炎及中耳炎的诊断及治疗技术。
(2) 掌握副鼻窦蓄脓的诊断与治疗技术。
(3) 掌握扁桃体炎的诊断与治疗技术。
(4) 掌握气管内异物诊断与气管切开的手术治疗技术。

二、实验所需器材及药品

检耳镜（电耳镜）、五官检查器、T形开口器、扁桃体绞断器、扁桃体剥离器及拉钩、喉头喷雾器、扁桃体止血钳、检鼻镜、耳科显微手术器械包、冷光源喉显微手术器械包、多功能智能高频电刀、电烧灼器、多功能麻醉机、抗生素、3％过氧化氢溶液、1％~2％龙胆紫溶液或1∶4碘甘油溶液、手术台、缝针、缝线、止血纱布、麻醉剂、注射器（5 mL、10 mL）、听诊器、叩诊锤、生理盐水、葡萄糖、新洁尔灭、75％乙醇棉球、碘酊棉球、维生素C、普鲁卡因、尼可刹米、氯丙嗪、安那咖、止血敏等。

三、实验动物

马、牛、羊、犬。

四、实验内容和方法

（一）外耳炎及中耳炎的诊断与治疗

实验前制造外耳炎、中耳炎病例模型。

1. 外耳炎及中耳炎的诊断　外耳炎临床上可见由外耳道内排出不同颜色带臭味的分泌物，大量分泌物流出时，可污染耳郭周边被毛，并浸渍皮肤发炎，甚至形成溃疡。耳内分泌物的刺激可引起耳部瘙痒，大动物常在树干或墙壁摩擦耳部，小动物常用后爪搔耳抓痒。由于炎症引起疼痛，指压耳根部动物敏感。转为慢性外耳炎时，分泌物浓稠，外耳道上皮肥大、增生，可堵塞外耳道，使动物听力减弱。

单侧性中耳炎时，动物将头倾向患侧，患耳下垂，有时出现回转运动。化脓性中耳炎时，动物体温升高，食欲不振，精神沉郁，有时横卧或出现阵发性痉挛等症状。炎症蔓延至内耳时，动物表现耳聋和平衡失调、转圈、头颈倾斜而倒地。

可用检耳镜（电耳镜）对耳道内部做进一步的相应检查，必要时做细菌涂片，染色镜检确定病原菌的类型，也可以做药敏试验确定用药种类。

2. 外耳炎及中耳炎的治疗　外耳炎时首先用 3% 过氧化氢溶液充分清洗外耳道，再用灭菌棉球擦干，涂以 1%～2% 龙胆紫溶液或 1∶4 碘甘油溶液；对细菌性感染的外耳炎，用抗生素溶液滴耳；如有分泌物干涸堵塞时，可滴入甘油数滴，使分泌物软化后取出。

中耳炎治疗时首先局部和全身应用抗生素治疗，对耳分泌物最好做细菌培养和药敏试验。在充分清洗外耳道后滴入抗生素药液，如果临床症状未能改善，充分清洗外耳道后用检耳镜检查鼓膜，若鼓膜已穿孔或无鼓膜，可将细吸管插入中耳深部冲洗，若鼓膜未破，则用细长的灭菌穿刺针穿透鼓膜，放出中耳内积液，用普鲁卡因青霉素反复洗涤，直至排出液清亮透明。

（二）副鼻窦蓄脓的诊断与治疗

副鼻窦是指鼻腔周围头骨内的含气空腔，包括额窦、上颌窦、蝶腭窦、筛窦等。副鼻窦蓄脓是指副鼻窦内的黏膜发生化脓性炎症而导致的窦腔内脓汁潴留。临床上常见的是额窦和上颌窦蓄脓。

1. 副鼻窦蓄脓的诊断

（1）通过鼻液诊断：病初由一侧鼻孔流出少量浆液性鼻液，一般不被注意，随病程的发展，分泌物转为黏液脓性，排出量也增多，干涸后黏附在鼻孔周围。绝大多数情况下呈现一侧鼻液，有时一侧鼻液比较显著而另侧较轻微。动物表现低头、摆头等动作，摆头时有较多脓性物从鼻孔流出。如果脓性鼻液中带有新鲜血液，表明窦内有骨折性损伤；混有草屑或饲料，表明龋齿或牙齿缺损与上颌窦相通；混有腐败血液则表明窦内有坏疽或恶性肿瘤。此外，牛额窦蓄脓形成足够压力时，可引起神经症状，如头部顶墙或抵于饲槽、出现周期性癫痫或痉挛；也可导致眼球凸出，呼吸困难。

（2）通过叩诊诊断：当脓汁使副鼻窦区骨质变软时，一侧局部肿胀而颜面隆起，叩诊由原来的钢板音变为钝性浊音。

2. 副鼻窦蓄脓的治疗

（1）保定：马属动物进行侧卧保定，反刍动物在六柱栏内站立保定或侧卧保定，犬进行仰卧或侧卧保定。

（2）麻醉：马属动物应进行全身麻醉，反刍动物可采用局部麻醉并配合止痛、镇静药物，犬采用全身麻醉。

（3）术式：手术是治疗副鼻窦蓄脓的最佳手段。

额窦切口定位为眶上孔连线与额中线相交，在交点的两侧 1.5～2 cm 处为左右圆锯孔的正切点。

上颌窦切口定位为自内眼角引一与面嵴的平行线，自面嵴前端做一与此线的垂线。此二线与面嵴和眼眶前缘组成一长方形，长方形对角线组成四个三角形，前后三角形分别为前、后上颌窦圆锯孔。

手术时选择局部肿胀隆起部位，局部剔毛、消毒后，皮肤、肌肉、骨膜"十"字切开显露窦腔，用吸引器或连接橡皮管的注射器吸出脓汁，再用 0.1% 高锰酸钾或新洁尔灭灌注冲洗。随后用微温的生理盐水冲洗，并以灭菌纱布导入窦内吸干后，填入抗生素油剂纱布，如此处理直至化脓减少或停止。

（三）扁桃体炎的诊断与治疗

1. 扁桃体炎的诊断　急性扁桃体炎在 1～3 岁犬易发。表现为体温突然升高，流涎，精神沉郁，吞咽困难或食欲废绝，下颌淋巴结肿大，有时发生短促而弱的咳嗽，呕吐，打哈欠。有的病犬表现抓耳，频频摇头。扁桃体视诊，可发现其肿大，凸出，呈暗红色，并有小的坏死灶或坏死斑点，表面被覆黏液或脓性分泌物。

慢性扁桃体炎多发生于幼犬，表现精神沉郁，食欲减退，有时呕吐、咳嗽。反复发作数次后，全身状况不良，对疾病抵抗力差，扁桃体视诊呈"泥样"，隐窝上皮纤维组织增生，直径变窄或闭锁。慢性扁桃体炎以反复发作为特征，间隔时间不定，也可有急性发作。

2. 扁桃体炎的治疗

（1）保守疗法：细菌性扁桃体炎应及时全身使用抗生素。对多数病例，青霉素最有效，连用 5～7 d，也可用 2% 碘溶液擦拭扁桃体和腺窝，热敷咽喉部，在吞咽困难消失前几日，饲喂柔软可口的食物。不能采食的动物应进行补液。

（2）手术治疗：慢性扁桃体炎反复发作，药物治疗无效、急性扁桃体肿大而引起机械性吞咽困难、呼吸困难等适宜施扁桃体摘除术。

①保定：马属动物进行侧卧保定，反刍动物在六柱栏内站立保定或左侧卧保定，犬进行俯卧保定。

②麻醉：马属动物应进行全身麻醉，反刍动物可采用局部麻醉并配合止痛、镇静药物，犬采用全身麻醉。行气管内插管，可排除吞咽反射，防止血液和分泌物吸入气管。安置开口器。口腔清洗干净，局部消毒，并浸润肾上腺素溶液于扁桃体组织。拉出舌，充分暴露扁桃体。

③手术方法有以下三种。

直接切除法：用扁桃体组织钳钳住隐窝的扁桃体向外牵引，暴露深部扁桃体组织，然后用长的弯止血钳夹住其基部，再用长柄弯剪由前向后将扁桃体剪除，可用结扎、指压、电凝等方法止血。最后用可吸收缝线闭合所留下的缺陷（图 35-1）。

结扎法：用小弯止血钳钳住扁桃体基部，用 4 号或 7 号丝线在其基部全部结扎或穿过基部结扎，即可将其切除。

勒除法：先将扁桃体勒除器放在腺体基部，再用组织钳提起扁桃体，收紧勒除器即将其摘除。最后修剪残留部分。

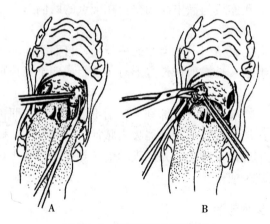

图 35-1　扁桃体直接切除法
A. 用组织钳钳住隐窝内扁桃体，并向外牵引
B. 用长弯止血钳夹住扁桃体基部，再用长柄弯剪由前向后将其剪除

五、注意事项

（1）外耳炎在治疗时注意最好不要破坏鼓膜。

（2）副鼻窦手术时注意不要破坏骨膜。

（3）扁桃体的摘除注意充分止血。

实验三十六

胸腔、腹腔疾病的诊断与治疗

动物胸腔和腹腔共同组成体腔，是动物体最大的腔。胸腹腔的常见外科疾病种类繁多，掌握对胸腹腔常见外科疾病的诊断和治疗十分重要。

一、实验目的与要求

（1）掌握胸腔疾病的常用诊断方法。
（2）掌握腹腔疾病的常用诊断方法。
（3）掌握胸腹腔常见疾病的诊断、治疗。
（4）掌握胸腔穿刺、胸导管放置、鼻饲管安置等治疗技术。

二、实验所需器材及药品

胸导管、三通阀、X线机、鼻饲管、胃窥镜、常用手术器械、手术辅料、消毒药品、电动除毛器、弹性绷带、生理盐水、舒泰注射液等。

三、实验动物

犬、猫。

四、实验内容和方法

（一）肋骨骨折的诊断与治疗

1. 肋骨骨折的诊断 动物肋骨骨折时常表现为疼痛、呼吸障碍和局部变化（肿胀或塌陷）。检查时可根据局部触诊、X线检查进行确诊，但诊断时需要注意是否有并发症，如气胸、血胸、肺出血等。开放性骨折还会导致感染，并引起脓肿和窦道。

2. 肋骨骨折的治疗 如果发生闭合性骨折且无其他并发症，可按照局部外伤处置，即局部消毒、抗感染、消肿治疗等。但如果发生开放性骨折，且有一定污染时，需及时进行冲洗、消毒并去除异物，治疗时要去除骨碎片。如果发生完全性骨折，即断端发生错位，要进行牵引和复位，并做好外固定及包扎。如果有多根肋骨骨折，且引起胸壁持续性损伤，可进行手术治疗，使用夹板治疗连枷胸，将骨折肋骨固定到塑料夹板上，用缝合线环绕结扎骨折肋骨，并将其穿过和固定于夹板的孔上（图36-1）。

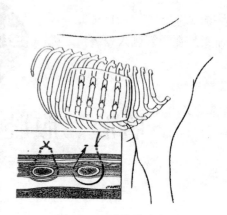

图36-1　连枷胸夹板

（二）脓胸、乳糜胸和气胸的诊断与治疗

1. 脓胸、乳糜胸和气胸的诊断　脓胸是胸膜腔内积有脓性渗出液的疾病。患病动物常表现为呼吸困难、腹式呼吸和呼吸音改变。诊断时可通过 X 线检查，评判渗出液情况、肺实质变化等。还可通过抽吸液体染色镜检进行诊断。

乳糜胸是指乳糜样液体在胸腔蓄积的一种疾病。临床上常表现为呼吸窘迫、精神不振、运动不耐受等。可在影像学检查的基础上，进一步做细胞学和生物化学检查乳糜物质。

气胸是指动物胸腔内积存气体。常见病因有外伤、肋骨骨折、尖锐物刺入胸腔等，自发性气胸可由心丝虫、结核破溃等造成。开放性气胸的胸壁表面有明显创口，可见空气出入。闭合性气胸和张力性气胸，胸腔有压力性改变。患气胸动物会出现呼吸困难、听诊心音困难等症状。

2. 脓胸、乳糜胸和气胸的治疗　脓胸治疗时可用抗生素疗法、胸腔冲洗引流、支持疗法和吸氧雾化疗法。胸导管安置前，先抽吸胸腔内液体，再向胸腹腔内注入温热无菌生理盐水（每千克体重 10 mL），让动物缓慢转换体位，并再次抽吸液体。应选择合适的胸导管，其长度可通过体外测量，导管外侧连接三通阀。操作时将动物侧卧保定，局部除毛、消毒。对第十肋间皮下和第七肋间皮下、肋间肌肉和胸膜进行局部麻醉（图36-2、图36-3）。切开刺入部位的皮肤，然后用弯止血钳钳住胸导管向前刺入至第七肋间，再向

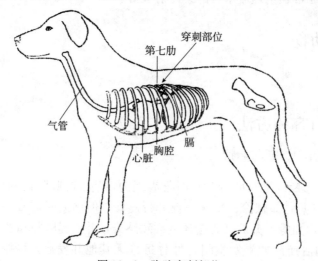

图36-2　胸腔穿刺部位

[引自 *Current techniques in small animal surgery*（4th edition）]

胸前迅速刺入，一旦导管进入胸腔，迅速将导管推入，到达预设的位置后，撤出管芯和止血钳。在导管刺入处的皮肤部位进行缝合，并固定胸导管（图36-4、图36-5）。

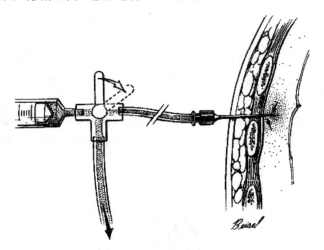

图36-3　胸腔穿刺针
［引自 *Current techniques in small animal surgery*（4th edition）］

图36-4　胸腔放置导管
［引自 *Current techniques in small animal surgery*（4th edition）］

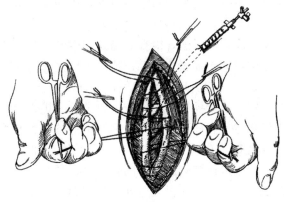

图36-5　缝合固定胸导管
［ 引 *Current techniques in small animal surgery*（4th edition）］

　　乳糜胸治疗时可在超声介导下进行胸腔穿刺术。胸腔穿刺术适用于犬、猫常见胸腔疾病的诊断和治疗，如胸腔积液、脓胸等。操作前最好对犬、猫进行 X 线检查，以评估患病动物胸腔积液或积气的情况。操作时使动物做侧卧保定，必要时可进行镇静。穿刺部位常选择第七肋间，肋骨与肋软骨交界处，距离脊椎横突约三分之二处。积气抽取时从背侧高处进行，而积液抽取则从腹侧较低处进行。局部剪毛、消毒，穿刺针刺入时如果不成功，可调整动物体位或选择其他位置（如第八肋间）进行。穿刺针可选择蝴蝶导管，并连接三通阀和注射器。

　　气胸治疗时可通过胸导管技术，借助三通阀抽吸胸腔内气体，并对原发病进行治疗。开放性气胸的动物还需要在创口处放置压迫绷带，并重建胸内负压（图 36-6）。

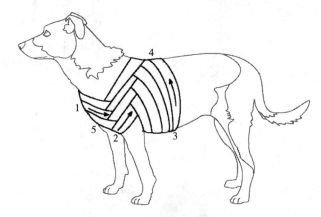

图 36-6　胸腔负压绷带包扎
（按照 1～5 的顺序进行逐层包扎）

（三）胃扭转的诊断与治疗

　　1. 胃扭转的诊断　　犬胃扭转是指由于胃的异常扩张和扭转引起的胃膨胀，以急性腹部膨胀和剧烈腹痛为其共同表现，如不加以干预最终可因酸碱平衡失调和电解质紊乱而休克死亡，具有发病急、病情恶化快、死亡率高的特征。

　　该病是由犬的幽门移动性大，肝胃韧带、肝十二指肠韧带松弛，同时有胃下垂、胃内食糜胀满、脾肿大等导致；另外犬饱食后打滚，跳跃，迅速上下楼梯时旋转、摇摆和滚动也容易导致此病。某些大型犬或胸深品种的犬也易发生。

　　要根据临床症状、X 线检查或胃插管检查来确诊。患犬反复呕吐，不能进水，大量流涎，腹部高度膨胀，呼吸困难，重症者有心动过速、毛细血管再充盈时间延长、脉搏细弱等休克症状。X 线正侧位显示胃部高度膨胀充气，并向膈挤压。诊断时要与单纯性胃扩张、肠扭转及脾扭转相鉴别。通常插胃管来区分。单纯性胃扩张时，胃管插到胃内，腹部胀满情况可以减轻。胃扭转时胃管插不到胃内，因而不能减轻腹部胀满表现。

　　2. 胃扭转的治疗　　治疗时首先应快速减压，以降低休克和胃、脾坏死的风险。放气时如果不能顺利插入胃管，可进行穿刺放气。同时应进行紧急手术，按胃扭转方向将胃复原，并摘除脾，同时在距幽门 3～5 cm 胃大弯处，将浆膜肌层在腹壁正常的投影位置固定（第十一至十三肋的下三分之一处），用丝线将浆膜肌层和腹壁的肌肉用扣状或结节缝合固定 2～3 针（图 36-7）。

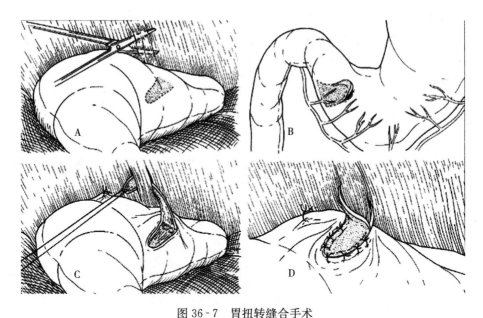

图 36 - 7　胃扭转缝合手术
A. 在腹外侧腹壁上做两个横向切口，用组织钳在腹部肌肉组织下建立一个隧道
B. 提起胃窦的浆膜肌瓣　C. 使胃壁上的皮瓣穿过肌肉瓣下的隧道　D. 将皮瓣缝合至其原始胃边缘

（四）胃内异物的诊断与治疗

1. 胃内异物的诊断　胃内异物是指动物胃内长期滞留不能被消化，又不易呕吐或经肠道排出的异物，异物种类复杂，如石头、瓶盖、弹球、袜子、线团等。长时间存在的异物可继发胃黏膜脱落、胃溃疡、胃出血，甚至引起胃穿孔并继发腹膜炎。引起该病的病因很多，有幼龄动物好奇贪玩导致的误食，有些动物由于有寄生虫疾病、维生素和矿物质缺乏等导致异食，还有猫梳理毛时吞入毛球等。

诊断时可根据临床症状、X 线检查、胃窥镜等方法进行。胃内异物不同，症状有所区别，异物较大、刺激性较强时，容易引发动物顽固性呕吐，呕吐物中可能含有血液等，也可通过腹部触诊在胃区检查到。如果异物较小、柔软、刺激性较小时，会有间歇性呕吐。通过正侧位 X 线检查时，可评估异物的大小、形状、位置、密度等，如果异物的密度较小，容易被 X 线穿透，可通过造影检查。另外，还可对犬进行胃窥镜检查以帮助诊断。

2. 胃内异物的治疗　治疗时，如果异物较小且为线性异物，可通过胃窥镜取出。如果异物较大，要通过手术取出。

（五）肠梗阻的诊断与治疗

1. 肠梗阻的诊断　肠梗阻是犬、猫常见的一种急腹症，发病部位主要为小肠，常见于小肠机械性阻塞或小肠正常生理位置发生不可逆变化，如肠套叠、肠嵌闭和肠扭转等。引起该病的病因有异物、肠套叠、肿瘤、寄生虫等。

诊断时可根据临床症状、X 线检查等进行，小型犬、猫可通过触诊发现异物或肠套叠（香肠样物）。发病部位不同，症状有所不同，小肠近端梗阻后，有些动物会表现出顽固性呕吐、腹痛和腹胀。小肠完全梗阻和肠套叠病犬在呕吐同时，还会排出血便和胶冻状粪便。通过 X 线检查，可发现阻塞肠管出现高度积气积液，肠径增大。

2. 肠梗阻的治疗　治疗时应选用手术方法，以腹中线切口打开腹腔，可根据肠管和疾病情况，切开肠管取出异物，整复套叠肠管，如果发生肠管坏死，可进行肠管吻合手术。

五、注意事项

（1）做胸腔穿刺时，应细致观察，小心操作，否则可能会造成一定程度的损伤，如肺撕裂等。

（2）放置胸导管时，应当注意无菌操作，并定期检查。

尿石症的诊断与治疗

尿石症是指尿路中的无机或有机盐类结晶的凝结物（结石、积石或多量结晶）刺激尿路黏膜而引起出血、炎症和阻塞的一种泌尿器官疾病。犬尿石的种类很多，按其成分可分为磷酸盐结石、尿酸铵结石、胱氨酸结石、草酸钙结石、硅酸盐结石、黄嘌呤结石、碳酸盐结石。其中黄嘌呤结石、碳酸盐结石在犬很少见。犬尿石症按尿石的所在位置可分为肾结石、输尿管结石、膀胱结石及尿道结石。

一、实验目的与要求

（1）掌握膀胱结石、尿道结石的临床诊断方法与影像学诊断方法。
（2）掌握膀胱结石、尿道结石的临床治疗方法。

二、实验所需器材及药品

重症监护仪、多功能呼吸麻醉机、B超机、X线机、全自动血生化分析仪、手术器械包、抗生素、生理盐水、葡萄糖、尼可刹米、地塞米松、导尿管、50 mL注射器等。

三、实验动物

犬。

四、实验内容和方法

（一）膀胱结石病例模型的制造

1. 切开膀胱 术者食指、中指伸入腹腔，将肠管向前拨开。此时可见到膀胱，用两指或三指握住膀胱基部，小心地牵引膀胱至切口处，使膀胱背面向上。然后用灭菌生理盐水纱布隔离膀胱周围，以防止污染腹腔。如果膀胱膨满，需要用注射器抽出蓄积尿液，使膀胱空虚。在膀胱顶部背面的无血管区，在预切口两端做2根牵引线，然后切开膀胱壁。

2. 放入结石及膀胱缝合 用灭菌药匙将石块放入膀胱。然后在牵引线之间闭合膀胱切口。第一层采用连续内翻水平褥式全层缝合，第二层采用间断内翻垂直褥式浆肌层缝合。除去 2 根预置缝线，将膀胱还纳入腹腔，再除去创口周围填塞的纱布，连续缝合腹膜和肌层。

模型制作完成后，1～2 d 内开始正式实验。

（二）膀胱结石的诊断

1. 临床检查 测量实验动物的体温、呼吸以及脉搏并记录，观察动物的精神状态与食欲等。观察实验动物的排尿情况，是否有排尿动作，如果有尿滴出则测量尿量。此外，观察或触诊动物的腹部，检查是否有膨大。

2. B 型超声检查 左肾以线形探头在第 1～3 腰椎处平行于背最长肌，从左至右横扫。检查左肾的超声图像，测量肾的最大长度、宽度及体积。然后旋转探头 90°从上至下横扫肾，检查肾横扫超声表现。同样右肾在第 2～4 腰椎处紧接肋骨下用线形探头平行背腰最长肌从右向左纵扫，然后旋转探头 90°横扫检查肾的超声图像，确定肾内是否有积水、结石等。

膀胱在耻骨前缘的盆腔，在正常充盈尿液时呈一梨形结构并向前移位到腹腔。膀胱检查前可将犬仰卧位保定于 V 形台上，注射诱导剂量的镇静剂镇静。在耻骨前缘，用 5.0 MHz 的线形探头进行横扫和纵扫。检查膀胱壁的回声表现及膀胱在充盈状态下的长、宽和体积，确定膀胱内是否有结石声影。

3. X 线检查 正位、侧位分别拍摄 X 线片，观察在尿道、膀胱、输尿管及肾内是否有高密度亮团，观察其形状及大小。

4. 生化分析 生化检查项目主要包括总蛋白、白蛋白、丙氨酸氨基转移酶、碱性磷酸酶、淀粉酶、总胆红素、肌酐、尿素氮等指标，由此评价动物的肝、肾功能。

（三）膀胱结石的治疗

1. 术前准备 在手术之前，应做好准备工作。为了方便手术补液，需要预置留置针，其位置在患犬的左侧前肢。同时在手术之前的 10 min，还应对患犬的心率情况进行认真检查，之后为患犬注射硫酸阿托品。并且应给患犬剪毛，一般剪毛的位置在耻骨前缘到脐部之间。最后手术人员进行手臂的洗刷和消毒。

2. 保定与麻醉 病犬仰卧保定。对患犬实施麻醉，可以采用吸入式麻醉方法，在实施麻醉过程中，首先应进行诱导麻醉，使用的药物为丙泊酚，麻醉方式为静脉滴注法，观察患犬的临床表现，当患犬出现全身无力、站立不稳的情况，可以停止诱导麻醉，进行气管插管手术，并连接呼吸麻醉机，防止手术中出现意外情况。

3. 术式

（1）导尿：术前先用适当型号的导尿管蘸取少量碘甘油插入犬尿道进行导尿。如果插入导尿管困难，则用 5 mL 注射器向导尿管内推入空气或水，使阻塞部位的结石向前移动，直至进入膀胱，此时有尿液从导尿管流出。如果无法将阻塞部位的结石推入膀胱，则先进行膀胱手术。

（2）打开腹腔：切口方向为耻骨前缘向脐，切口大约长 6 cm，采用钝性分离的方式，将皮下组织和肌肉组织分开。之后应采用皱襞切开法将腹膜切开，同时对切口，还应用灭菌纱布进行覆盖，避免腹腔感染。之后穿刺膀胱，使用注射器抽出膀胱内的尿液，同时还应使用纱布，用于吸附黏液，隔离膀胱。

（3）切开膀胱和取石：做两根牵引线，将其预置在膀胱背侧两浆膜层，膀胱切口适宜选在两根牵引线之间血管较少且无输尿管的方向。利用牵引线将膀胱左右提起，牵引线应用止血钳夹住，随后尽量一次性切开膀胱。

（4）清洗：使用 0.9% 的氯化钠对膀胱进行冲洗。同时还应进行无菌尿管插管，采用反流灌注的方式冲洗膀胱，不仅保证膀胱畅通，同时保证尿道畅通。确定已经冲洗干净后，还应对膀胱和尿道进行灭菌。之后注意将导尿管留置下来。

（5）缝合：膀胱需要进行两层缝合。第一层对膀胱壁进行缝合，缝合方式为全层连续缝合，第二层缝合膀胱壁浆肌层，缝合方式为垂直褥式内翻缝合。在缝合过程中，使用的缝合线应为可吸收的。对周围的隔离纱布应去除掉，之后进行冲洗，注意应将血迹冲洗干净。再对腹膜、腹横肌进行连续缝合。最后对皮肤创缘进行整理，手术部位应使用碘酒涂擦，并用绷带覆盖创口。

（6）术后护理：术后静脉滴注甲硝唑、头孢曲松钠等抗菌药物。术后 8 h 内禁食、禁水。每天用碘伏擦拭伤口周围，按时换药，佩戴伊丽莎白圈防止舔咬伤口，加快伤口愈合。术后给予易消化的食物（如稀粥），限制饮水，可给予少量温水。实时观察患犬的精神状态、食欲变化及伤口愈合程度、排尿情况以及尿的颜色和透明度等。

五、注意事项

（1）术前要对患犬进行全身检查，体况较差的需进行术前治疗，待其各项生理指标基本恢复正常后方可进行手术。

（2）进行影像学诊断时，膀胱内如果发现高密度影像，可能是膀胱结石、膀胱息肉、膀胱炎引起的血凝块等，因此需要鉴别诊断。

（3）手术过程中取出膀胱结石后，还需用导尿管从膀胱和尿道口双向冲洗尿道，以彻底清除尿道内结石。

（4）切开膀胱时，一定要顺着肌纤维的方向，避开血管进行。缝合时选择可吸收性缝合材料，缝线最好不要穿透膀胱黏膜层，避免尿酸盐等附着在缝线上再次引发膀胱结石。

（5）膀胱缝合处易复发结石，故术后饲喂泌尿道处方粮为佳。

实验三十八

直肠脱出的诊断与治疗

直肠的一部分或大部分经肛门向外翻转脱出称之为直肠脱出，以肛门处形成蘑菇状或香肠状凸出物为特征。犬、猫均有发生，但以幼年和老年犬发病率较高。多继发于各种原因引起的里急后重或强烈努责，如慢性腹泻、便秘、直肠内异物或肿瘤、难产或某些驱虫药的应用等。动物长期营养不良，直肠与肛门周围缺乏脂肪组织，直肠黏膜下层与肌层结合松弛，肛门括约肌松弛无力，均是该病的诱发因素。

一、实验目的与要求

（1）掌握直肠脱出的临床诊断方法。
（2）掌握直肠脱出的临床治疗方法。

二、实验所需器材及药品

重症监护仪、多功能呼吸麻醉机、手术器械包、肠钳、抗生素、生理盐水、葡萄糖、尼可刹米、地塞米松、50 mL注射器、明矾、高锰酸钾等。

三、实验动物

犬。

四、实验内容和方法

（一）直肠脱出的诊断

（1）全身检查：在教师造完模型之后，学生检查实验动物的精神状况，可视黏膜是否有充血、发绀，眼球是否凹陷，鼻镜是否发干。此外，测量动物的体温、心率、呼吸频率等。

（2）脱出直肠检查：检查脱出物的形状、表面颜色、水肿情况、黏膜出血和坏死情况等。判断是否并发套叠和直肠疝。单纯性直肠脱出可见圆筒状肿胀脱出向下弯曲下垂，手指不能从脱出的直肠和肛门之间向盆腔的方向插入。

（3）其他检查：是否伴发呕吐、腹泻等。

（二）直肠脱出的治疗

1. 整复　使脱出的肠管恢复到原位，适用于发病初期或黏膜性脱垂的病例。先用 0.25％温热的高锰酸钾溶液或 1％明矾溶液清洗患部，除去污物或坏死黏膜，然后用手指谨慎地将脱出的肠管还纳原位。可将两后肢提起或后躯提高。在肠管还纳复原后，可在肛门处给予温敷以防再次脱出。

2. 剪黏膜法　对脱出时间较长、水肿严重、黏膜干裂或坏死的病例，适用此法。先用温水洗净患部，继以温防风汤（防风、荆芥、薄荷、苦参、黄柏各 12.0 g，花椒 3.0 g，加水适量煎两沸，去渣，候温待用）冲洗患部。之后用剪刀剪除或用手指剥除干裂坏死的黏膜，再用消毒纱布兜住肠管，撒上适量明矾粉末揉擦，挤出水肿液，用温生理盐水冲洗后，涂 1％～2％的碘石蜡油润滑，然后从肠腔口开始，谨慎地将脱出的肠管向内翻入肛门内，使直肠完全复位。最后在肛门外进行温敷。

3. 固定法　为防止继续脱出，应进行肛门周围缝合术。距肛门孔 1～3 cm 处，做一肛门周围的荷包缝合，收紧缝线，保留 1～2 指大小的排粪口，打成活结，以便根据具体情况调整肛门口的松紧度，经 7～10 d 患病动物不再努责时，则将缝线拆除。

4. 直肠周围注射乙醇或明矾液　本法是在整复的基础上进行的，其目的是利用药物使直肠周围结缔组织增生，借以固定直肠。临床上常用 70％乙醇或 10％明矾注入直肠周围结缔组织中。方法是在距肛门孔 2～3 cm 处，肛门上方和左、右两侧直肠旁组织内分点注射 70％乙醇 3～5 mL 或 10％明矾 5～10 mL，另加 2％盐酸普鲁卡因溶液 3～5 mL。注射的针头沿直肠侧直前方刺入 3～10 cm。为了使进针方向与直肠平行，避免针头远离直肠或刺破直肠，在进针时应将食指插入直肠内引导进针方向，操作时应边进针边用食指触知针尖位置并随时纠正方向。

5. 直肠部分截除术　对脱出过多、整复有困难，脱出的直肠发生坏死、穿孔或有套叠而不能复位的病例可实施直肠部分截除术。

（1）保定：在手术台上先采取仰卧保定，为防止伤人应对犬口确实保定。

（2）麻醉：用犬眠宝按每千克体重 0.1～0.2 mL 肌内注射，对犬进行全身麻醉。

（3）手术方法：常用的有以下两种方法。

直肠部分切除术：在充分清洗消毒脱出肠管的基础上，用带胶套的肠钳夹住脱出的肠管进行固定，且兼有止血作用。脱出肠管充分清洗消毒后，取两根灭菌的兽用注射器针头，紧贴肛门处交叉刺穿脱出的肠管将其固定，直肠管腔较粗大者，则先在直肠腔内插入一根橡胶管。在固定针后方约 2 cm 处，将直肠环形横切，充分止血后（应特别注意位于肠管背侧痔动脉的止血），用细丝线和圆针把肠管两层断端的浆膜和肌层分别做结节缝合，然后用单纯连续缝合法缝合内外两层黏膜层。缝合结束后用 0.25％高锰酸钾溶液充分冲洗、蘸干，涂以碘甘油或抗生素（图 38 - 1、图 38 - 2）。

黏膜下层切除术：适用于单纯性直肠脱出。在距肛门周缘约 1 cm 处，环形切开达黏膜下层，向下剥离，并翻转黏膜层，将其剪除，最后顶端黏膜边缘与肛门周缘黏膜边缘用肠线做结节缝合。最后整复脱出部，肛门口做荷包缝合（图 38 - 3）。

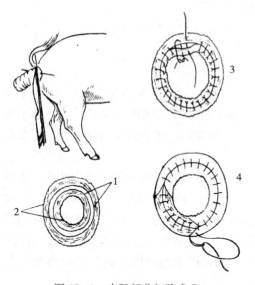

图 38-1　直肠部分切除术 I

1. 浆膜　2. 黏膜　3. 直肠浆膜层与肌层结节缝合

4. 直肠黏膜层连续缝合

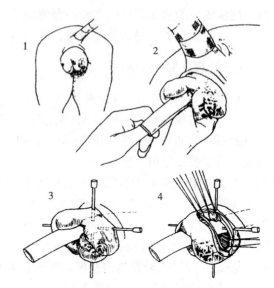

图 38-2　直肠部分切除术 II

1. 直肠脱出　2. 插入橡胶管

3. 穿刺针"十"字固定　4. 切除并缝合

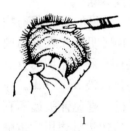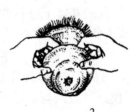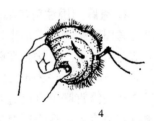

图 38-3　直肠脱出部的黏膜下层切除术

1. 环形切开脱出的基部黏膜　2. 剥离黏膜层　3. 切除翻转的黏膜层　4. 缝合

（4）术后护理及药物治疗：犬直肠脱出常由肠炎腹泻引起，应视具体情况进行对症治疗。禁食 1～3 d，之后可喂少量流质食物。每日静脉注射 5‰葡萄糖注射液，加入庆大霉素、阿托品或山莨菪碱（654-2），调节肠道细菌，防止继发感染，并缓解肠道平滑肌痉挛。可在输液时加入碳酸氢钠，调节体液平衡，缓解酸中毒。为尽快消除水肿和炎症，防止继发感染，可进行直肠灌药，可灌注 2～5 mL 氯霉素或碘甘油。

五、注意事项

（1）轻症直肠脱出首先采取保守疗法，无效再采用手术方法治疗，避免不必要的损伤。

（2）内固定手术最好采用肠线，有利于吸收，防止引起感染。

（3）内固定手术时要注意缝针不能穿透黏膜层，以防止肠道内容物和炎性物质污染腹腔。内固定时要在直肠两端结节缝合，固定于腹壁和腹膜上，对难以固定的，可进行三点固定。

（4）整复前一定要对脱出部分彻底冲洗，并做清理手术。

（5）脱出时间太久，损伤坏死严重，整复后有引起全身感染甚至导致死亡的危险时，可以将坏死部分切除。

（6）钳夹脱出直肠黏膜不宜过深，以稍带少量肌层为宜，不宜过宽，以免造成术后狭窄。

（7）在直肠周围注射乙醇或明矾液时必须注射到直肠周围组织内，避免注入直肠壁和肠腔，否则会引起直肠壁坏死或出血。左手食指要在肠腔内经常纠正注射针头的方向和位置。当针头刺入肠壁时，注射针头活动受到限制，不能随便摆动。如针头刺入正确，留在皮肤外的针头可向各个方向摆动。注射时远离直肠壁或注射过深时，会影响治疗效果。

实验三十九

跛行诊断及鉴别诊断

跛行是马在站立或运动状态下，一个或多个肢蹄及其他骨骼表现出的明显的结构或功能性障碍，是四肢机能障碍的一种临床现象。掌握好跛行诊断是马运动系统疾病的诊断和治疗的基础。

一、实验目的与要求

（1）掌握跛行的定义、特点和分类。
（2）掌握马的正常站姿和步态。
（3）掌握马属动物问诊、视诊、触诊、器械检查、影像学检查等不同的诊断方法。
（4）掌握马属动物跛行的鉴别诊断。

二、实验所需器材及药品

软尺、检蹄器、B超机、便携式X线机、2%利多卡因注射液等。

三、实验动物

马、驴。

四、实验内容和方法

（一）了解跛行的特点和分类

1. 马属动物正常站姿和运步特点　四肢在运动的时候，每一肢体的动作可分为两个阶段，即空中悬垂阶段和支柱阶段。空中悬垂阶段包括两个时间相同的阶段，即各关节按顺序屈曲和各关节按顺序伸展。屈曲指蹄从离开地面，直到蹄达到对侧肢的肘关节（或跗关节）直接向下。伸展指蹄从肘关节（或跗关节）直接向下重新到达地面。

屈曲和伸展为该肢的第一步，这一步被对侧肢的蹄印分为前后两半，前一半为各关节按顺序伸展在地面所经过的距离。后一半为各关节按顺序屈曲在地面所经过的距离

（图 39-1）。

肢蹄在支柱阶段可分为着地、负重和离地三个步骤。在这个阶段，支持器官负担较大，但在不同步骤，各肌肉、腱、关节、骨骼和蹄的各部组织负担也不同，由此也可推测患病的部位。

2. 跛行的种类　四肢的运动机能障碍，在空间悬垂阶段表现明显时，就称为悬垂阶段的跛行，简称悬跛。如果在支柱阶段表现机能障碍，就称为支柱阶段的跛行，简称支跛。在悬垂阶段和支柱阶段都表现有程度不同的机能障碍时，就称为混合跛行。

3. 跛行程度　国际通用的跛行评分标准有两套，即五级评分标准和十级评分标准。以下为五级评分标准。

0 级：任何情况下都不能发现跛行。

1 级：任何情况下（如负重、转弯、倾斜、硬地等）都难以观察到跛行。

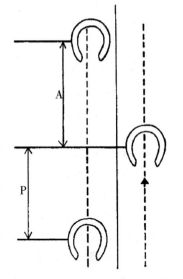

图 39-1　一个完整步幅示意图
P. 前半步　A. 后半步

2 级：慢步或直线快步时难以发现跛行，但某些条件下（如负重、转弯等）出现跛行。

3 级：任何情况下马匹快步时都持续出现跛行。

4 级：马匹慢步时表现明显跛行。

5 级：马匹在休息或最小运动量时都呈现跛行甚至完全不能移动。

（二）问诊

（1）马是否跛行？有什么表现？

（2）哪个或哪几个肢蹄表现跛行？

（3）发生的时间，休息后还是运动后？

（4）有无具体发病部位？

（5）有无明确的病因？

（6）是否做过合适的治疗，用过什么药物？

（7）散发还是群发？

（8）饲料配合和饲喂情况。

（9）护蹄修蹄情况。

（三）驻立视诊

观察时要使马保持正常站姿，由远及近，环绕观察。观察顺序为由蹄部到肢上部，由前到后（由头部到尾部）。观察内容包括负重和重心变化、肌肉肿胀和萎缩变化、蹄的变化、骨和关节变化。

1. 负重和重心变化　在正常环境下，前肢承重是均等的，而且是垂直着地。观察马是否出现某肢蹄不负重或频繁交替负重。观察有无异常站姿，如内收、外展、前踏、后踏等。

2. 肌肉肿胀和萎缩变化　每一肢蹄和肌肉群要对照观察，观察其外周轮廓、粗细、有无肿胀或萎缩等。

3. 蹄的变化 要注意是否出现异常磨损、蹄壁开裂，是否有不平衡状况、大小变化，有无蹄球萎缩。观察蹄铁是否合适、蹄铁磨灭状况和磨损程度等。

4. 骨和关节变化 观察骨的长度、方向、外形是否发生异常变化，四肢各关节是否出现肿胀、变形等。

（四）运步视诊

运步视诊重点关注四肢步态变化。在多数情况下，最好先观察前肢再观察后肢，除必要情况外观察时不必去除蹄铁。运步视诊的重点是确定哪个或哪几个肢蹄引起跛行。首先让马按照直线进行慢步和快步行走，然后再快速转圈。在慢步过程中，要从多个角度进行观察，并在侧面、前方、后方依次观察。总体来说，前肢跛行最佳观察角度为前方和侧方，后肢跛行最佳观察角度为侧方和后方。

观察项目有异常的头部活动、步态对称性、迈步弧度和步幅变化、关节屈曲角度异常、落步位置异常、负重状态下球节伸展角度异常、肩部肌肉变化、臀部肌肉升高的不对称性、骨盆和肌肉群的活动性异常等（图 39-2、图 39-3）。

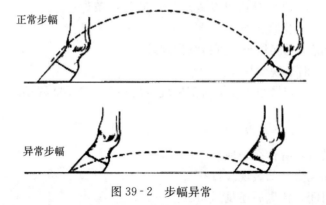

图 39-2　步幅异常

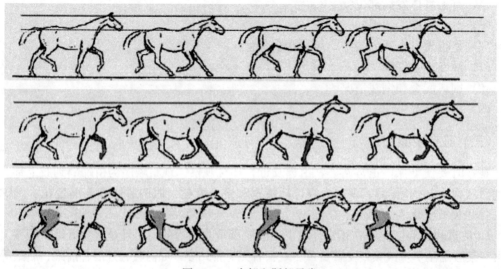

图 39-3　头部和骶部异常

在跛行诊断中，最重要的两个观察项目是前肢跛行中出现点头和后肢跛行中骶部运动。头的垂直加速和骶结节的位移幅度是前后肢跛行的最佳示病症状。跛行过程中，马会抬高头颈，从而使患病前肢负重减轻；后肢患病时则骶部高举来减轻后肢负重。

个别病例中，有必要对马施行特殊检查方法，如骑乘运动、回转运动、圆周运动、软硬地运动、上下坡运动，或使马以一定速度在马跑步机上运动进行观察。

（五）触诊

1. 蹄的检查　检查者应逐渐接近马匹，由颈部向下抚摸，直至前（后）肢，然后一手顶住前臂部（后肢胫部）并作为支点，另一手向下抚摸，直至蹄部。检查者呈弯腰姿势（严禁下蹲），检查蹄尖壁、蹄侧壁和蹄踵部的温度，再对指（趾）动脉进行触诊。

检蹄器（图39-4）检查：从内侧或外侧开始，每间隔2～3 cm钳压蹄底。接下来再钳压蹄叉（尾侧、中部、头侧），每次从内侧到外侧蹄踵。最后，绕过蹄踵再使用检蹄器检查蹄壁，从内侧蹄踵开始到蹄侧壁，再从外侧蹄踵开始到蹄侧壁。使用检蹄器间断性检查时，马会出现收缩或抖动肩部的反应。

2. 系部和球节检查　通过触诊和压诊检查系部是否有肿胀、疼痛。而系关节是四肢中常发病的关节，检查时应以食指和中指滑擦关节各部，如发现异常，应仔细检查并与对侧比较，必要时可做屈曲、外展、内收、旋转等检查（图39-5）。

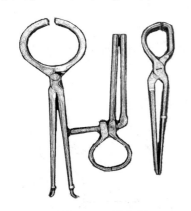

图39-4　检蹄器

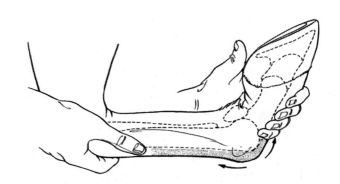

图39-5　系部检查

远端肢蹄和球节屈曲检查：球节屈曲时，可将一手放于掌骨背侧，并用另一只手拔起冠关节。指（趾）关节屈曲时，可以用双手向马背部方向拉伸蹄尖和指关节，使三个关节同时屈曲。

3. 掌部检查　可通过驻立触诊方法，以食指和中指滑擦掌骨各部，观察有无肿胀、疼痛、增生物等。还可进行提举触诊，如检查左前肢时，以左手握住系部，右手拇指放于掌骨外侧，其余四指放于内侧，压迫检查掌骨，观察有无骨肉瘤。怀疑骨折时，可做他动运动和敲击，观察是否有骨摩擦音和骨传导音改变。

4. 腕关节检查　触诊其温度以判定是否有异常以及疾病的轻重和病程（急性和慢性），如有肿胀，可触诊和指压，以观察有无疼痛。还可对腕关节做屈曲检查。

腕关节屈曲检查时，可面对马，用外侧手握住掌骨，向上拉远端肢蹄。屈曲应当保持60 s，之后可进行快步运动并观察跛行是否更加明显（图39-6）。

5. 前臂和肘关节检查 触诊局部肌肉群检查是否有温度变化、是否发生肿胀和萎缩。怀疑肱骨骨折时可通过压诊观察肱骨是否有剧烈疼痛，并做他动运动，以观察有无骨摩擦音。触诊肘头末端，观察是否有肿胀、黏液囊炎。还可做屈曲检查和拉伸检查，以观察是否有鹰嘴部骨折等问题。

肘关节屈曲检查时，可抬升前臂，使之与地面平行至不能再向前拉为止（图 39 - 7）。这种程度的肘关节屈曲，可使腕骨和远端肢蹄出现"悬挂"状态。按此方法操作 60 s 后，再让马进行快步运动。

肩关节屈曲检查同肘关节屈曲检查方法，即向头侧和向上拉肢蹄，或者向尾侧拉肢蹄。

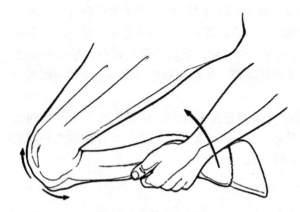

图 39 - 6　腕关节检查

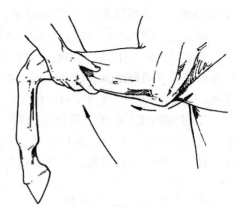

图 39 - 7　前臂和肘关节检查

6. 跗关节检查 检查跗关节时，一只手顶住髋结节，另一只手对跗关节进行触诊，检查有无肿胀，局部温度是否升高，做指压检查是否有疼痛。另外，还可对跗关节做屈曲检查（飞节内肿试验）。

跗关节屈曲检查：可将外侧手放于跖骨外侧远端三分之一处，提升和屈曲跗关节 3～5 min（图 39 - 8）。然后让马进行快步运动，并观察是否出现机能障碍。

7. 胫部检查 检查胫部时，可用一手顶住髋结节，另一只手对胫部进行触诊检查，要注意是否出现肌腱断裂等。怀疑胫骨骨折时，可通过触诊和压诊观察是否有摩擦音。

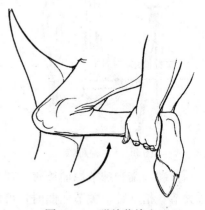

图 39 - 8　跗关节检查

8. 膝关节检查 膝关节检查时，可用一手顶住髋结节，另一只手触诊膝关节，正常时可触及膝关节的三条韧带。可通过指压触诊观察是否出现关节积液。还可以做膝关节抬举检查，观察是否出现髌骨脱位。

（六）外周神经麻醉诊断

外周神经麻醉诊断是指通过对四肢某些神经干进行麻醉封闭，观察是否出现疼痛和跛行消失现象，从而判断跛行发病部位，此法多在其他诊断方法不能够完全确诊时进行配合检查。常用药物为 2% 利多卡因或 4%～6% 普鲁卡因。麻醉后 15～20 min，让马进行运步，以观察是否出现疼痛消失现象。

可涉及的神经有指（趾）神经、掌神经、骨间中神经、正中神经、尺神经、跖神经、胫神经、腓神经等。

此外，还可对关节囊进行黏液囊麻醉，具体可涉及的关节有蹄关节、冠关节、系关节、腕关节、肘关节、肩关节、髋关节等。

（七）影像学检查

1. X 线检查 X 线检查多用于马肢蹄的骨和关节疾病诊断，可用于诊断骨折、骨膜炎、关节炎、蹄叶炎、关节脱位、钉伤等疾病。操作时，需要使用便携式 X 线机，助手将 X 线感光片盒放于投照背面，操作者对准照射部位进行拍摄。拍摄时需要做多种角度和体位拍摄，以确保诊断准确性。如蹄部的拍摄可从侧面和正面两个角度进行（图 39 - 9、图 39 - 10）

必要时还需要进行屈曲投照拍摄和垫衬投照拍摄，以便更准确地进行诊断。如腕关节的 X 线拍摄（图 39 - 11）。

通过楔形木块垫衬蹄尖，使蹄保持一定角度和姿势，再进行拍摄（图 39 - 11）。

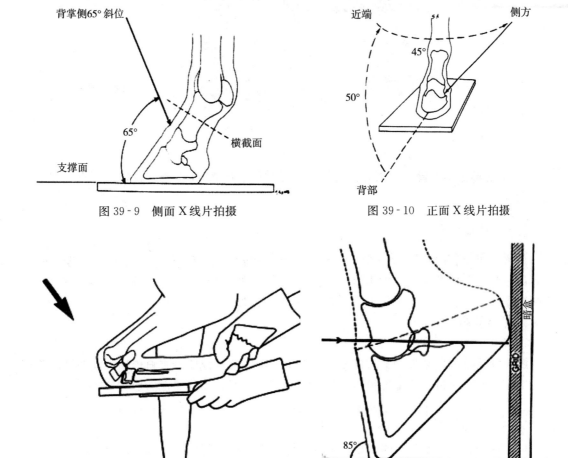

图 39 - 9　侧面 X 线片拍摄　　　　图 39 - 10　正面 X 线片拍摄

图 39 - 11　屈曲投照拍摄（A）和垫衬投照拍摄（B）

2. 超声检查　　通过超声线阵探头对掌区（MC）进行软组织检查。通过超声检查，确认指（趾）深屈肌、指（趾）浅屈肌、悬韧带、副韧带是否出现部分断裂、完全断裂、肿胀等问题。检查时，可将掌区分为几个区域（1a、1b、2a、2b、3a、3b、3c），分别做横向和纵向超声检查，并做好记录（图 39-12）。

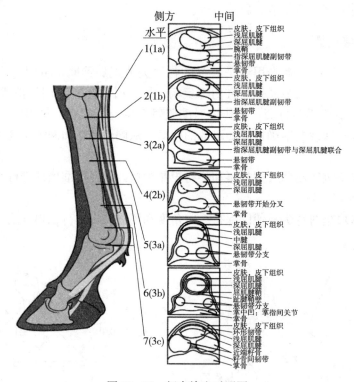

图 39-12　超声检查对照图

3. 其他影像学检查　　有条件的情况下，可对马进行 MRI 检查、骨扫描检查、关节窥镜检查。

（八）其他检查

此外，可根据跛行诊断需要，进一步进行其他辅助检查。如直肠检查、斜板垫衬检查、电诊断、肌电图检查、力板检查、实验室检查、局部红外温度扫描检查等。

五、注意事项

（1）使用检蹄器如果动物有敏感表现，需要确定这种反应是来自疼痛，而非马的不正常反应。为此需要进行重复性检查。使用检蹄器检查时，需与对侧做比较检查。

（2）屈曲检查由于操作手法等原因，具有一定主观性，部分检查可能会有假阳性，所以需要结合其他检查得出结论。

（3）外周神经麻醉检查时，要从蹄冠逐渐向上进行注射，不可随意变更顺序。

（4）X 线检查时应遵守防辐射要求，操作人员和保定人员均需穿着 X 线防辐射服。

骨折的诊断与治疗

各种动物均可发生骨折。造成骨折的病因是多种多样的，常见的有直接的外力因素和间接的外力因素及病理性因素等多方面。由于造成骨折的因素不同，骨折的类型也各种各样，临床表现形式也是多种多样的，所以对骨折进行及时而准确的诊断是至关重要的。骨折的同时常伴有周围软组织不同程度的损伤，一般以血肿为主。

一、实验目的与要求

（1）掌握骨折的诊断方法。
（2）掌握骨折的基本治疗方法。

二、实验所需器材及药品

X线诊断仪、叩诊锤、石膏绷带、玻璃纤维、夹板、脱脂棉、医用胶布、多功能呼吸机、麻醉镇静剂等。

三、实验动物

马、牛、羊、犬。

四、实验内容和方法

实验前人为制造羊和犬的非开放性骨折病例，然后让学生进行临床诊断与治疗。

（一）骨折的诊断

1. 临床症状诊断 对开放性骨折可以见到皮肤及软组织的创伤，并有渗出物或者血液经创口流出，有的形成创囊，严重者可见骨折断端。创内变化复杂，常含有血凝块、碎骨片或异物等，可以较为容易地做出诊断。而对非开放性骨折，发生后会出现一些特有的临床症状，主要有以下几种。

(1) 肢体变形：骨折两断端因受伤时的外力、肌肉牵拉和肢体重力的影响等，造成骨折段的移位。常见的有成角移位、侧方移位、旋转移位、纵轴移位（包括重叠、延长或嵌入）等。骨折后的患肢呈弯曲、缩短、延长等异常姿势。诊断时可把健肢放在相同位置，仔细观察和测量肢体有关段的长度并对比两侧情况。

(2) 异常活动：正常情况下肢体完整而不活动的部位，在骨折后负重或做被动运动时，出现屈曲、旋转等异常活动。但肋骨、椎骨、蹄骨、干骺端等部位的骨折，异常活动不明显或缺乏。

(3) 骨摩擦音：骨折两断端互相触碰，可产生骨摩擦音，或有骨摩擦感。但在不全骨折、骨折部肌肉丰厚、局部肿胀严重或断端嵌入软组织时，通常听不到骨摩擦音。而骨骺分离时的骨摩擦音是一种柔软的捻发音。

(4) 出血与肿胀：骨折时骨膜、骨髓及周围软组织的血管破裂出血，经创口流出或在骨折部发生血肿，加之软组织水肿，造成局部显著肿胀。闭合性骨折时肿胀的程度取决于受伤血管的大小、骨折的部位以及软组织损伤的程度。肋骨、髋骨、掌（跖）骨等浅表部位的骨折，肿胀一般不严重；臂骨、桡骨、尺骨、胫骨、腓骨等的全骨折，大多因溢血和炎症，肿胀十分严重，皮肤紧张发硬，致使骨折部不易摸清。随着炎症的发展，肿胀在伤后数日内很快加重，之后如不发生感染，经过十几天后可逐渐消散。

(5) 疼痛：骨折后骨膜、神经受损，患病动物即刻感到疼痛，疼痛的程度常随动物种类、骨折的部位和性质不同而不同。在安静时或骨折部固定后较轻，触碰或骨断端移动时加剧。患病动物不安、拒绝触碰，马常可见肘后、股内侧出汗，全身发抖等表现。骨裂时，用手指压迫骨折部，呈现线状压痛。

(6) 功能障碍：骨折后因肌肉失去固定的支撑，以及剧烈疼痛而引起不同程度的功能障碍，都在伤后立即发生。如四肢骨骨折时突发重度跛行、脊椎骨骨折伤及脊髓时可致相应区后部的躯体瘫痪等。但是发生不全骨折、棘突骨折、肋骨骨折时，功能障碍可能不显著。

诊断四肢长骨骨干骨折时，由一人固定近端，另一人将远端轻轻晃动。若为全骨折时可以出现异常活动和骨摩擦音，但是这样的诊断不能持续做或者反复做，以免加重骨折的程度，拍 X 线片可以确诊。

当有上述症状出现时，基本可以做出发生骨折的诊断结论，但骨折的类型和程度很难确定，需借助于特殊辅助诊断。

2. 骨折的辅助诊断　根据外伤史和局部症状，一般不难诊断。根据需要，可用下列方法做辅助检查。

(1) X 线检查：骨关节系统具有良好的天然对比度，X 线检查是骨折常用的确诊方法，其可确定骨折的类型和移位的情况，以及软组织的损伤程度，并可借助工作站软件进行相应骨折部位的测量，为骨折的整复提供支持。在治疗后还可以评估骨折的愈合情况。关节附近的骨折需要和关节脱位做鉴别诊断时，也常用 X 线透视或摄片。摄片时，一般需要拍摄至少正、侧两位片，必要时应加拍斜位片。

(2) 直肠检查：用于骨盆部骨折、大动物髋骨或腰椎骨折的辅助诊断。小动物可采用指检进行触诊，确定骨盆部及周边髋关节的情况。大动物可采用直检的方法，进行骨盆部及腰荐椎的触诊，确定损伤部位和程度。

（3）骨折传导音的检查：可将听诊器置于大动物骨折处任何一端骨隆起的部位作为收音区，以叩诊锤在另一端的骨隆起部轻轻叩打，并将患肢与健肢对比。根据骨传导音的音质与音量的改变，判断有无骨折存在。正常骨的传导音有清脆实质感，骨折后传导音钝而浊，有时甚至听不清楚。但此方法不适合小动物。

3. 其他检查方法　有条件的可采用 CT、核磁共振进行骨折检查，以判定硬组织和软组织的损伤程度，并利用三维成像技术进行诊断和分析。

（二）骨折的治疗

骨折的治疗主要包括两种，即外固定治疗和内固定治疗。

1. 保定　马属动物进行侧卧保定，反刍动物在六柱栏内站立保定或侧卧保定，犬进行侧卧保定。

2. 麻醉　马属动物应进行全身麻醉，反刍动物可采用局部麻醉并配合止痛、镇静药物，犬采用全身麻醉。

3. 复位与固定　四肢是以骨为支架、关节为枢纽、肌肉为动力进行运动的。骨折后支架丧失，不能保持正常活动。骨折复位是使移位的骨折端重新对位，重建骨的支架作用。时间要越早越好，力求做到一次整复正确。为了使复位顺利进行，应尽量保证无痛和局部肌肉松弛。

（1）闭合复位与外固定：本方法在兽医临床中应用最广，适用于大部分四肢骨骨折。整复前应该使患肢保持伸直状态。前肢可由助手以一手固定前臂部，另一手握住肘突用力向前方推，使患肢肘以下各关节伸直；后肢则一手固定小腿部，另一手握住膝关节用力向后方推，肢体即伸直。

轻度移位的骨折整复时，可由助手将病肢远端适当牵引，术者对骨折部托压、挤按，使断端对齐、对正。若骨折部肌肉强大，断端重叠而整复困难时，可在骨折段远、近两端稍远离处各系上一绳，远端也可用铁丝系在蹄壁周围，羊可在第三、四指（趾）的蹄壁角质部，离蹄底高 2 cm 处，与蹄底垂直，各钻两个孔（相距约 2.5 cm）穿入铁丝牵引。

按"欲合先离，离而复合"的原则，先轻后重，沿着肢体纵轴做对抗牵引，然后使骨折的远侧端靠近近侧端，根据变形情况整复，以矫正成角、旋转、侧方移位等畸形，力求达到骨折前的原位。复位是否正确，可以通过观察肢体外形、抚摸骨折部轮廓、在相同的姿势下按解剖位置与对侧健肢对比进行评估，初步判断移位是否已得到矫正。同时进行 X 线检查确定。

由于骨折的部位、类型、局部软组织损伤的程度不同，骨折端再移位的方向和倾向力也各不相同。因而局部外固定的形式应随之而异。临床常用的外固定方法有如下几种。

①夹板绷带固定法：该方法是借助于夹板保持骨折部位的安静、稳定，避免加重损伤或者移位的制动绷带，可用于紧急制动，也可用于长期制动。

采用竹板、木板、铝合金板、铁板等材料，制成长、宽、厚与患部相适应，强度能固定住骨折部的夹板数条。包扎时，清洁患部后，包上衬垫，于患部的前、后、左、右放置夹板，夹板固定的范围应该包括临近骨折部位的上下两个关节，使上下两个关节同时固定，再用绷带缠绕固定。包扎的松紧度，以不使夹板滑脱和不过度压迫组织为宜。为了防止夹板两端损伤患肢皮肤，里面的衬垫应超出夹板的长度或将夹板两端用棉纱包裹，最后用自粘绷带固定，并标注固定日期（图40-1、图40-2）。

②石膏绷带固定法：石膏具有良好的塑形性能，制成石膏管形与肢体接触面积大，不易发生压创，对大小动物的四肢骨折均有较好固定作用。但用于大动物的石膏管最好夹入金属板、竹板等加固。

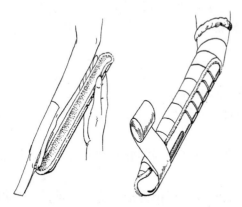

图40-1　犬夹板绷带固定Ⅰ　　　　　　图40-2　犬夹板绷带固定Ⅱ

包扎时，首先清除皮肤表面的污物，用衬垫如脱脂棉，对包含骨折部位在内的上下两个关节进行包裹，其范围应超出石膏绷带的预定范围。在骨折部位的前侧和后侧分别预置一根线锯，并用绷带固定。将石膏绷带放入30～35 ℃的温水中浸泡，注意应使整个绷带浸没在水中，直至无气泡冒出。将石膏绷带取出，轻轻挤压，去除多余水分。从骨折部位的远端开始，先做环形包扎，然后螺旋向上缠绕，直至预定部位。缠绕时应将石膏涂抹均匀，使绷带紧密结合。关节部位和凸出部位应注意放置脱脂棉进行保护。石膏绷带的近远端不应超出衬垫层，绷带缠绕完毕后还应将两端的衬垫向外翻转，包裹石膏绷带的边缘，防止石膏损伤皮肤。标注固定日期和时间，将多余的线锯向外翻转，紧贴石膏绷带，用自粘绷带进行包扎。

石膏绷带拆除时，用预置的线锯将石膏绷带锯开即可（图40-3）。

大动物石膏绷带固定后，应将动物置于四柱栏内，用粗的扁绳兜住动物的腹部和股部，使动物在四肢疲劳时，可俯在和倚在扁绳上休息。这可保持骨折部安静，充分发挥外固定的作用。

③玻璃纤维绷带：该绷带是一种树脂黏合材料，具有质量轻、硬度高的优点。

包扎时，首先应清理骨折部位，然后用脱脂棉做衬垫，再在骨折部位的前后预置线锯。操作者带乳胶手套，将玻璃纤维绷带浸入21～23 ℃的温水中，然后轻轻挤压3～4次，从远端开始，按照石膏绷带的缠绕方法，在30～60 s内完成绷带的安装，并标注安装日期和时间，用自粘绷带将线锯和玻璃纤维绷带一同包裹。拆除方法同石膏绷带（图40-3）。

（2）切开复位与内固定：即用手术的方法暴露骨折段进行复位。复位后用对动物组织无不良作用的金属内固定物，或用自体或同种异体骨组织，将骨折段固定，以达到治疗的目的。

①髓内针固定：常用于长骨干骨折，如肱骨、股骨、胫骨、尺骨和某些小骨的骨折；既可单独应用，又可与其他方法结合应用。其优点是抗成角应力作用较强，能够抗弯曲负

荷。缺点是抗轴压力、扭转应力及对骨折处的固定效果相对差。

髓内针安装方式有闭合式和开放式两种。闭合式安装应用于骨折片容易复位的单纯骨折，插入髓内针的方法是将针从骨的一端插入，穿过骨折线至对侧骨质。对开放性骨折，插入的方式有两种：一种是在骨折开放式整复后按闭合式方法插入髓内针；另外一种则是从骨折断端先逆行插入后，针自骨的一端穿出，再将针改为顺行插入，越过骨折断面插入骨质（图 40 - 4）。如单纯性髓内针固定无法达到稳定固定时，可结合其他固定技术，如金属丝、骨螺钉或者插入多根髓内针等。

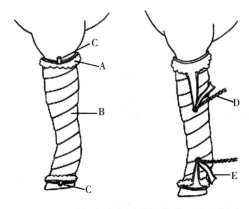

图 40 - 3　石膏或玻璃纤维绷带外固定及拆除
A. 棉衬料　B. 石膏或玻璃纤维绷带　C. 引锯胶管的
上下口　D. 线锯　E. 被锯开的胶管

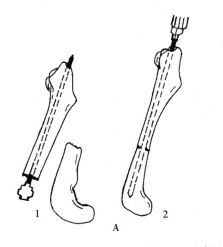
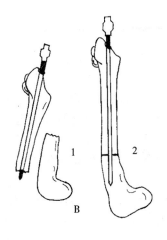

图 40 - 4　髓内针安装方法
A. 开放式整复后髓内针逆行插入　1. 先由骨折的一断端逆行插入，由一端穿出　2. 再由穿出的一端顺行插入
B. 开放式整复后髓内针直接顺行插入　1. 由折断骨的一端插入髓内针　2. 直接插入整复后的另一端

②骨螺钉固定：本法适于骨折线长于骨直径 2 倍以上的斜骨折、螺旋骨折和纵骨折及干骺端的部分骨折。根据骨折的部位和性质，必要时，应并用其他内固定或外固定法，以加大固定的牢固性。螺钉可分为松质骨螺钉和皮质骨螺钉两种。松质骨螺钉相对皮质骨螺钉，螺纹较深、螺距大、外径大，常用于干骺端。皮质骨螺钉常用于骨干，可以作位置螺钉，也可用作拉力螺钉。在用作拉力螺钉时，需将近侧皮质扩孔，钻出滑动孔，螺钉的插入方向垂直于骨折线，即可在骨折块间产生加压作用。如骨折线倾斜角小于 40°，可采用二等分角原则插入螺钉（图 40 - 5、图 40 - 6）。

③接骨板固定法：是用不锈钢接骨板和螺丝钉固定骨折段的内固定法。应用这种固定法损伤软组织较多，需剥离骨膜再放置接骨板，对骨折端的血液供应损害较大，但与髓内针相比，可以保护骨痂内发育的血管，有利于形成内骨痂。适用于长骨骨体中部的斜骨折、螺旋骨折、尺骨肘突骨折，以及严重的粉碎性骨折、老龄动物骨折等，是内固定中应

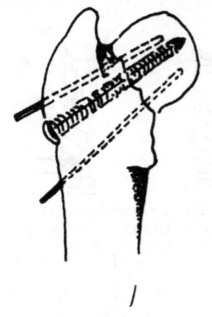

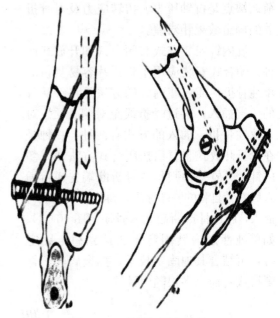

图 40-5　骨螺钉固定法 I   图 40-6　骨螺钉固定法 II

用最广泛的一种方法。其优点是安装后术后疼痛较轻，肢体功能恢复较快。接骨板应安装在张力侧，起到中和抵消张力、弯曲力、分散力等的作用。

实验前首先对动物局部剪毛、备皮后常规消毒，然后切开皮肤、分离肌肉，剥离骨膜，复位骨折断端，根据骨折类型选择接骨板（特殊情况下需自行设计加工）。然后固定接骨板的螺丝钉，其长度以刚能穿过对侧骨密质为宜，过长会损伤对侧软组织，过短则达不到固定目的。螺丝钉的钻孔位置和方向要正确，以防止接骨板弯曲、松动甚至毁坏。最后缝合骨膜、肌肉和皮肤。必要时配合外固定（图 40-7）。

④钢丝固定法：一般使用不锈钢丝。钢丝常用于环扎术和半环扎术。环扎是围绕骨周围缠绕矫形钢丝；半环扎是在预先打孔的骨骼上缠绕矫形钢丝，可预防骨折碎片移位。环扎时，应有足够的强度，但又不能过大而将骨片压碎，注意维持血液循环，保持和软组织的连接。如果长的骨折片需要多个环形结扎，环与环之间应保持 1～1.5 cm 的距离，过密将影响骨的活力（图 40-8、图 40-9）。

对肘突、大转子和跟结节等部位的骨折，可配合髓内针使用。插进针之后在远端骨折片的近端，用骨钻做一横孔，穿金属丝，与骨髓针剩余端做"8"形缠绕和扭紧。

4. 功能锻炼　功能锻炼可以改善局部血液循环，增强骨质代谢，加速骨折修复和患肢的功能恢复，防止产生广泛的病理性骨痂、肌肉萎缩、关节僵硬、关节囊挛缩等后遗症。它是骨折治疗的重要组成部分。

针对骨折的功能锻炼包括早期按摩、对未固定关节做被动的伸屈活动、牵行运动及定量使役等。

5. 骨折的药物疗法和物理疗法　为了加速骨痂形成，补充钙质和维生素也是需要的。可在饲料中加喂骨粉、碳酸钙，对马、牛等可增加青绿饲草等。幼龄动物骨折时可补充维生素 A、维生素 D 或鱼肝油。必要时可以静脉补充钙剂。

骨折愈合的后期常出现肌肉萎缩、关节僵硬、骨痂过大等，可进行局部按摩、搓擦，增强功能锻炼，同时配合物理疗法如石蜡疗法、温热疗法、直流电钙离子透入疗法、中波透热疗法及紫外线治疗等，以促使功能恢复。

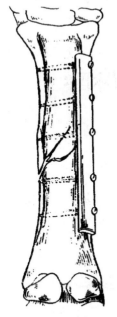

图 40 - 7　接骨板固定

图 40 - 8　钢丝固定法

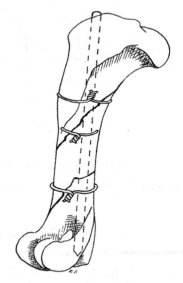

图 40 - 9　钢丝配合髓
内针固定

五、注意事项

（1）骨折诊断时切勿幅度过大以免加重骨折程度。

（2）骨折各种手术治疗要保持骨膜的完整性与活力；要使骨折断端密切对接，固定要确实。

（3）外固定绷带要松紧适宜，以防过紧引起局部循环不良，造成不愈合或延迟愈合。

（4）夹板绷带的夹板要短于敷料层，以防造成新的创伤和感染。

（5）触诊骨折部位，应注意保护动物及受伤部位，应遵循由远及近、由周围至痛点逐步触诊的原则，减少动物不安，防止造成进一步损伤。

实验四十一

马、牛、犬四肢神经传导麻醉

神经传导麻醉是将麻醉药物注射到神经干的周围，使其所支配的区域失去痛觉，从而有利于进行疾病的诊断或者治疗的一种麻醉技术。

一、实验目的与要求

掌握马、牛和犬常用四肢神经传导麻醉技术。

二、实验所需器材及药品

X线机、手术常规器械、穿刺针、盐酸普鲁卡因、盐酸利多卡因、盐酸布比卡因、碘酊、乙醇、剪毛剪、10 mL注射器、5 mL注射器等。

三、实验动物

马、牛、犬。

四、实验内容和方法

（一）马四肢神经传导麻醉刺入部位与方法

1. 球节下指（趾）神经掌支麻醉　该神经于球节的上籽骨水平线上分为掌外侧神经和掌内侧神经。对该神经的麻醉方法：将针头刺入该神经所在部位的皮下，于内外两侧各注入2%的盐酸普鲁卡因溶液3～4 mL，可使蹄软骨后半部、指（趾）枕和蹄叉真皮、指（趾）伸屈肌腱终部、舟囊、舟骨、蹄骨、蹄底真皮和蹄壁真皮的下半部均失去痛觉。

2. 球节部指（趾）神经麻醉　前肢于球节部的上方，后肢于球节部的下方，在其内外侧可触摸到指（趾）静脉，指（趾）神经即位于该静脉的前面或后面。操作者沿指（趾）深屈肌腱向皮下刺入针头，并在该肌腱两侧各注入2%盐酸普鲁卡因溶液5～6 mL，即可麻醉该神经。

3. 掌（跖）神经麻醉　分为低掌（跖）神经麻醉和高掌（跖）神经麻醉两种。低掌

（跖）神经麻醉的操作部位在球节上方，第二、四掌（跖）骨末端上方 1.5～2 cm 处的掌沟内。可将针于深屈腱边缘刺进皮肤筋膜下，并于内外侧各注入 2% 盐酸普鲁卡因 10 mL，经 15 min 左右，球节部、系部或者蹄冠部痛觉消失。高掌（跖）神经麻醉的操作部位在腕（跗）关节下 3～5 cm 的掌沟内，将针头于深屈肌腱边缘刺入筋膜下，在内外两侧各注入 2% 盐酸普鲁卡因溶液 10 mL（图 41 - 1）。经 15 min 左右，籽骨、指（趾）腱鞘及掌中、下部痛觉消失。

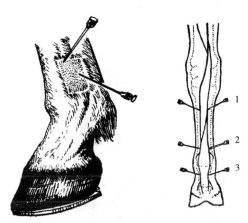

图 41 - 1　马的掌神经传导麻醉刺入部位（左前肢掌侧）

1. 高掌神经麻醉刺入部位　2. 低掌神经麻醉刺入部位　3. 球节下指神经掌支麻醉刺入部位

4. 正中神经麻醉　在桡尺骨内侧，桡骨和腕桡侧屈肌形成的正中沟内，于角质胼胝上方 10～12 cm 处，将针头水平向桡骨掌侧面刺入，当触及骨面时，回撤 0.5 cm，注入 2% 盐酸普鲁卡因 20 mL，经 15～20 min 出现麻醉作用（图 41 - 2）。

5. 尺神经麻醉　副腕骨上方 10～12 cm 处，于腕尺侧伸肌和腕尺侧屈肌形成的尺沟内，将针刺入前臂筋膜下 1.5 cm，注入 2% 盐酸普鲁卡因溶液 10 mL，经 15～20 min 出现麻醉作用（图 41 - 2）。

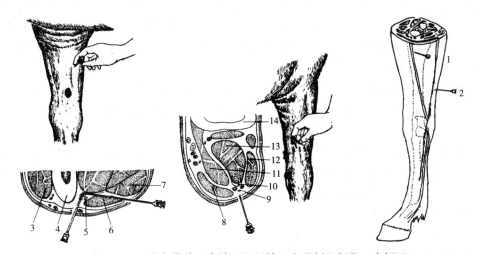

图 41 - 2　马右前肢正中神经和尺神经麻醉刺入部位（内侧面）

1. 正中神经麻醉刺入部位　2. 尺神经麻醉刺入部位　3. 腕桡侧伸肌　4. 桡骨　5. 正中神经　6. 腕桡侧曲肌
7. 腕尺侧曲肌　8. 桡骨　9. 指深屈肌　10. 腕外侧屈肌　11. 指浅屈肌　12. 尺骨　13. 尺神经　14. 腕尺侧屈肌

6. 胫神经麻醉 胫骨下方内侧沟内，距跟结节上方 8～12 cm 处，在跟腱的前方将针头自上向下斜刺入筋膜下 1.5～2 cm，注入 2%盐酸利多卡因溶液 20 mL，经 15～20 min 出现麻醉作用（图 41 - 3）。

7. 腓神经麻醉 胫骨外侧，距跗关节上方 10～12 cm 处，于趾长伸肌和趾外侧伸肌之间形成的腓沟内，针头由上而下向胫骨方向刺入 3～4 cm，注入 2%盐酸普鲁卡因溶液 10 mL，麻醉腓深神经，将针头回撤至皮下，再注入 2%盐酸普鲁卡因溶液 10 mL，麻醉腓浅神经（图 41 - 3）。

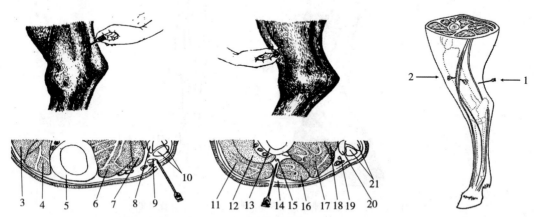

图 41 - 3 马左后肢外侧面胫神经和腓神经麻醉刺入部位

1. 内侧面胫神经刺入部位 2. 外侧面腓深神经和腓浅神经刺入部位 3. 指长伸肌 4、12. 胫骨前肌
5、13. 胫骨 6、17. 拇长伸肌 7、18. 胫骨后肌 8. 半腱肌和股二头肌 9. 胫神经 10、21. 跟腱
11. 趾长伸肌 14. 腓浅伸肌 15. 腓深伸肌 16. 趾外侧伸肌 19. 胫后皮神经 20. 股二头肌和半腱肌

（二）牛四肢神经传导麻醉刺入部位与方法

1. 指（趾）神经麻醉 该神经的麻醉需要通过背侧注射、掌（跖）侧注射和侧面注射 2%盐酸普鲁卡因溶液来完成（图 41 - 4）。具体部位和方法如下。

（1）指（趾）背侧注射：在第一指（趾）关节的下方，平行于第一指（趾）节骨中部，由背中线或稍偏外侧将针头刺入皮下，注入 2%普鲁卡因溶液 10 mL，麻醉第三指（趾）背外侧神经和第四指（趾）背内侧神经。

（2）掌（跖）侧注射：第一指（趾）节骨中部掌（跖）正中线或稍内侧，针头刺入皮下注入 2%盐酸普鲁卡因溶液 10 mL，麻醉第三指（趾）掌外侧和第四指（趾）掌内侧神经。

（3）侧面注射：在第三指（趾）的内侧面和第四指（趾）的外侧面，悬蹄的水平面上刺入皮下，向后刺至悬蹄，边退针边注入 2%盐酸普鲁卡因溶液 10 mL，麻醉第三指（趾）的指（趾）背内侧神经和指（趾）掌内侧神经，第四指（趾）的指（趾）背外侧神经和指（趾）掌外侧神经。

以上部位注射后，系部、蹄部痛觉消失。

2. 掌部麻醉 在腕关节下 5～7 cm，指总伸肌腱的内外两侧，将针头刺入筋膜下，各注入 4%盐酸普鲁卡因 10 mL，内侧麻醉桡神经外侧支，外侧麻醉尺神经背侧支（图 41 - 5）。在掌侧距腕关节下 5～7 cm 处，以浅屈肌腱内、外侧为刺入点，将针头刺入筋膜下，各注

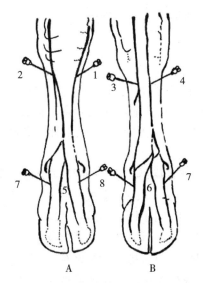

图 41-4　牛左前肢下半部神经传导麻醉刺入部位

A. 背侧面　B. 掌侧面

1. 尺神经背侧支刺入点　2. 桡神经外侧支刺入点　3. 尺神经掌侧支刺入点　4. 正中神经刺入点
5. 第三指背外侧神经和第四指背内侧神经刺入点　6. 第三指掌外侧神经和第四指掌内侧神经刺入点
7. 指背内侧和指掌内侧神经刺入点　8. 指背外侧和指掌外侧神经刺入点

入 4% 盐酸普鲁卡因 10 mL，内侧麻醉正中神经，外侧麻醉尺神经的掌侧支。

3. 跖部麻醉　在跗关节下 3~5 cm，于跖部背侧，针尖由下向前上，刺至趾长伸肌腱内、外两侧，边退针边注入 4% 盐酸普鲁卡因溶液 10 mL，麻醉腓浅神经和腓深神经。在同样高度，于跖部深屈肌腱的两侧，针由上向下刺入筋膜下，各注入 4% 盐酸普鲁卡因溶液，麻醉跖内侧和跖外侧神经（图 41-6）。

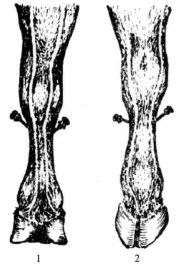

图 41-5　牛前肢掌部神经麻醉刺入点

1. 后面　2. 前面

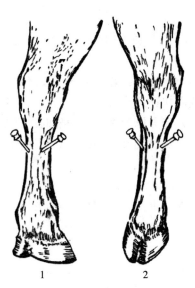

图 41-6　牛跖部神经麻醉刺入点

1. 后面　2. 前面

（三）犬四肢神经传导麻醉刺入部位与方法

1. 臂丛神经麻醉　采用脊髓穿刺针，平行于颈椎横突，从胸壁侧沿肩胛骨内侧缘，缓慢向第二肋骨的后缘刺入，避免进入胸腔。连接注射器，回抽无血液和气泡，注入总剂量（利多卡因每千克体重 1 mg，联合布比卡因每千克体重 1 mg）的三分之二，然后将针头后撤 1～2 cm，再次回抽无血液和气泡，注入剩余药物。15～30 min 起效，维持20 min 至 2 h，可以阻断桡神经、尺神经、正中神经、肌皮神经和腋神经，使肘关节以下失去痛觉。完全恢复需 6 h。

2. 正中神经、桡神经和尺神经麻醉　正中神经位于指部掌内侧，伴随尺神经的掌侧支。麻醉时，将针头在腕垫下与第一指的水平线处刺入，回抽无血，注入麻醉药物（布比卡因每千克体重 1.5 mg，联合利多卡因每千克体重 2 mg）总量的四分之一。桡神经位于指部背侧，与第一指水平线的内侧，而尺神经的背侧支位于指掌侧的腕垫背侧，分别于上述部位刺入针头，注入上述同剂量的药物，麻醉桡神经和尺神经。最后的四分之一药量注射到第五指水平线，指背外侧桡神经径路，从而麻醉正中神经、桡神经和尺神经。

3. 股神经麻醉　犬侧卧，镇静后将欲麻醉的后肢游离。触摸股动脉。股神经位于股动脉的头侧，股直肌的后侧。采用套管绝缘针通过股四头肌，刺到股神经，并采用神经刺激器，以 0.4 mA 的电流刺激，评估股四头肌的抽搐和膝关节的伸展，无误后，连接注射器，回抽无血后，注入局麻药物（布比卡因每千克体重 1～1.5 mg，联合利多卡因每千克体重 1～2 mg）。

4. 坐骨神经麻醉　触摸坐骨结节，于结节的下方刺入套管绝缘针，通过半膜肌和外展肌，达股二头肌的内侧。采用神经刺激器，以 0.4～1.0 mA 的电流刺激，观察是否出现跖部的弯曲和伸展，如无误，连接注射器，回抽无血后，注入局部麻醉药（布比卡因每千克体重 1～1.5 mg，联合利多卡因每千克体重 1～2 mg）。

五、注意事项

（1）四肢神经传导麻醉需要经过 15～20 min 起效，进行诊断检查时不能使动物急速转弯或者快速运步。

（2）传导麻醉注射的间隔时间至少 1 h。

（3）注射局麻药物前，必须回抽无阻力且无血。

关节疾病的常规治疗

在四肢疾病导致的跛行或机能障碍中，很大一部分都是由关节疾病所引起的，而关节疾病所引起的机能障碍都在一定程度上改变了局部解剖结构或局部内环境的稳定，所以对关节疾病进行有效合理的治疗是避免由关节疾病导致机能障碍的关键一环。动物种类不同，用途不同，饲养、管理、使役方法不同，而且四肢关节自上而下解剖构造不同，发病原因各异，发生疾病的种类也各有差异。在关节疾病的治疗过程中，首先要甄别传染性疾病与普通病、全身性疾病与局部性疾病、素因与诱因，在对症治疗的同时进行对因治疗，才能收到预期的疗效。

一、实验目的与要求

（1）掌握关节疾病的镇痛疗法。
（2）掌握关节疾病的物理疗法。
（3）掌握关节疾病的封闭疗法。
（4）掌握关节疾病的手术疗法。
（5）掌握关节疾病的压迫疗法。
（6）掌握关节疾病的穿刺疗法。
（7）掌握关节疾病的刺激疗法。
（8）掌握关节疾病的装蹄疗法。

二、实验所需器材及药品

手术常规器械、特定电磁波谱治疗（TDP）机、短波治疗机、超短波治疗机、超声波治疗机、盐酸普鲁卡因、穿刺针、注射器、保定绳等。

三、实验动物

马、牛、羊、犬。

四、实验内容和方法

1. 镇痛疗法 镇痛疗法用于关节疾病的治疗，在缓解动物应激反应、加强其他治疗方法的效果上具有重要的意义。

在治疗时向疼痛较重的患部注射盐酸普鲁卡因乙醇溶液（2％普鲁卡因2.0 mL、25％乙醇80.0 mL、蒸馏水20.0 mL，灭菌）10～15 mL，或向患病关节内注射2.0％盐酸普鲁卡因溶液10～20 mL，或涂擦弱刺激剂，如10％樟脑乙醇、碘酊樟脑乙醇合剂（5％碘酊20 mL、10％樟脑乙醇80 mL），或注射醋酸氢化可的松等。以上治疗方法均可取得较好的辅助治疗效果。对急慢性滑膜炎，可的松疗法效果较好，常用醋酸氢化可的松2.5～5 mL加青霉素20万IU，用前以0.5％盐酸利多卡因溶液1：1稀释进行关节内注射，隔日一次，连用3～4次。在注药前先抽出渗出液适量（40～50 mL）然后注药。也可以使用泼尼松龙。对乳牛产后关节炎（如跗关节炎）用可的松加水溶性抗生素（青霉素加链霉素）关节内注射，效果较好。

2. 压迫疗法 当关节炎症在急性期时或有渗出性疾病时，压迫疗法是一种有效的治疗方法。治疗时用压迫绷带缠绕关节，3～4 d后取下绷带。这样可以有效地缓解炎症急性期渗出所引起的关节急剧肿胀和血液循环不畅及其导致的严重后果。

3. 穿刺疗法 对某些关节囊内的疾病，当关节囊内的渗出积液过多时，往往会影响关节的活动和局部血液循环，此外还会进一步加剧疾病的发展进程。如果遇到这种情况应该及早进行穿刺疗法。被检动物确实保定后，关节部位剃毛、消毒，将关节皮肤移动一定的距离后用穿刺针刺入关节，抽出关节内的大量渗出液，然后用生理盐水冲洗直至透明，同时向关节腔注入青霉素盐酸普鲁卡因或青霉素利多卡因溶液，抽回穿刺针，回移皮肤使两个针眼不在同一部位，避免感染和药液的外流，然后包扎压迫绷带。该方法可以取得较好的治疗效果。

4. 封闭疗法 封闭疗法在缓解炎症反应、镇痛和加强治疗效果方面有时会起到意想不到的作用。一般用青霉素普鲁卡因，在肿胀的关节四周分点注射即可。一般经过2～3次之后即可达到治疗效果。

5. 手术疗法 对关节开放性损伤或严重的感染性疾病，一般采用手术疗法。手术时将创伤周围皮肤剃毛、消毒。对新创彻底清理伤口，切除坏死组织和异物及游离软骨和骨片，排除伤口内盲囊，用防腐剂穿刺洗净关节创。注意应由伤口的对侧向关节腔穿刺注入防腐剂；禁止由伤口向关节腔冲洗，以防止污染关节腔。清净关节腔后，可用肠线或丝线缝合关节囊，其他软组织可不缝合，然后包扎绷带，或包扎有窗石膏绷带。如伤口被凝血块堵塞，滑液停止流出，关节腔内尚无感染征兆时，不应除掉血凝块，可通过全身疗法和抗生素疗法，慎重处理伤口，使关节囊伤口闭合。

此外，在关节腔发生感染之前，为了闭合关节囊伤口，可在伤口一般处置后，用自家血凝块填塞闭合伤口，效果较好。方法是在无菌条件下取静脉血适量，放于3～6 ℃环境中，待血凝析出血清后，取血凝块塞入关节囊伤口，压迫阻止滑液流出，此法可迅速促进肉芽组织增生闭合伤口。还可以同时使用局部封闭疗法。

对已发生感染化脓的陈旧伤口，应先洗净伤口，除去坏死组织，用防腐剂穿刺洗涤关节腔，清除异物、坏死组织和骨的游离块，用碘酊凡士林敷盖伤口，包扎绷带，此时不缝合伤口。如伤口炎症反应强烈时，可用青霉素溶液敷布，包扎保护绷带。

关节周围脓肿时，可切开按化脓创处理。严重的关节囊蜂窝织炎时，切口要大，便于排脓和洗涤。

6. 物理疗法　物理疗法最为常用的是冷疗和热疗。一般在急性炎症期内使用冷疗，可用冷水浴或冷敷方法进行。

急性期过后为促进吸收，应及时使用温热疗法（热疗）。如温水浴（用 25～40 ℃温水浴，连续使用，每用 2～3 h 后，应间隔 2 h 再用）、干热疗法（热水袋、热盐袋）促进溢血和渗出液的吸收。或使用碘离子透入疗法、超短波和短波疗法、石蜡疗法、乙醇鱼石脂绷带，或敷中药四三一散（大黄 4.0 g、雄黄 3.0 g，龙脑 1.0 g，研细，蛋清调敷）。其他热疗方法还包括红外线疗法及激光疗法，用低功率氦氖激光或二氧化碳激光扩焦局部照射等。

7. 刺激疗法　对已形成骨赘、能微动的患关节发生粘连的情况，消除跛行、保存动物行动能力是主要的治疗方向。这时可应用强刺激疗法，诱发患部骨关节出现急性炎症，以达到使关节粘连、消除跛行的目的。涂擦 5％碘化汞软膏、斑蝥软膏（牛用 10％重铬酸钾软膏），包扎绷带，观察疗效；或用 1∶12 的升汞乙醇溶液涂于患部，每天一次用至皮肤结痂，休息 7 d 可再用药，连用 3 次。另外还可用穿刺烧烙疗法促进关节粘连。操作步骤为局部剃毛、消毒，麻醉后，于中央跗骨与第三跗骨之间骨赘明显处向深部穿刺烧烙 2～3 点（跗关节骨关节病时），用碘仿火棉胶封闭烧烙孔，包扎无菌绷带。

8. 装蹄疗法　肢势不良、蹄形不正时，在药物疗法的同时应进行合理的削蹄或装蹄。蹄踵过低的马、骡，削蹄时应注意保护蹄踵，或在装蹄时加橡胶垫，也可装着特殊蹄铁，如用内侧铁支剩缘宽的蹄铁、剩尾长的蹄铁及铁头部设上弯的蹄铁等。

五、注意事项

（1）怀疑有关节骨折的病例不宜用镇痛疗法。

（2）压迫疗法时间不宜过长。

（3）穿刺疗法一定要使皮肤与皮下组织移动一定距离，使皮肤和关节囊的针眼不在一个部位，以防感染。

（4）能使用保守疗法就不宜用手术疗法。

（5）装蹄疗法一定要根据肢势、蹄形进行，符合四肢的解剖结构特点。

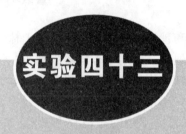

实验四十三

蹄病的诊断、治疗与日常护理

　　蹄作为机体的重要运动器官，一旦发病将严重影响动物的经济价值：役用动物将丧失使役能力，竞技动物将丧失竞技能力，食品动物将严重影响产品品质和生产能力；更有甚者，将迫使动物被提前淘汰。由此给养殖业带来极大的经济损失。

　　蹄病病因复杂，种类较多，症状各异。动物种类不同，蹄的构造不同，动物用途不同，饲养、管理、使役方式也不同，因而发生的蹄病种类有很大差异。这就要求在动物蹄病的临床诊断过程中，必须耐心细致，掌握各种动物蹄病的种类、发病原因、临床症状、跛行特征，掌握蹄病的临床诊断及特殊诊断方法，分清局部因素和全身因素，区别普通病和传染病，判明饲养管理问题和使役不当问题，才能建立正确诊断。

　　在建立正确诊断的基础上，针对不同的蹄病，应兼顾局部与整体、治疗与护理、运动与静养、对症与对因、治标与治本，采取合理有效的治疗手段和方法，从而有效提高治疗效果，减少经济损失。

　　亡羊补牢时已晚，未病先防为上策。为避免动物蹄病的发生，需加强平时的日常管理、饲养、使役和蹄的护理，防患于未然。

一、实验目的与要求

　　（1）掌握各种动物蹄病的种类及跛行特征。
　　（2）掌握各种动物蹄病的临床症状及诊断方法。
　　（3）掌握蹄病的特殊诊断方法。
　　（4）掌握蹄的日常护理方法及预防蹄病的综合措施。

二、实验所需器材及药品

　　X线机、数字化X线摄影系统（DR）设备、常规手术器械、修蹄箱、绷带、蹄浴桶、各种注射器、检蹄器、大动物手术台、六柱栏、保定绳、碘酊棉球、乙醇棉球、4％硫酸铜溶液、0.5％高锰酸钾溶液、生理盐水注射液、广谱抗生素、2％普鲁卡因注射液、生理盐水、葡萄糖、地塞米松注射液等。

三、实验动物

牛、马。

四、实验内容和方法

（一）蹄病的诊断

动物罹患蹄病皆可表现不同程度的支柱跛行，但表现为支跛并不意味皆是蹄病。因为有些蹄病并无跛行症候；有些表现支跛的疾病并非蹄病，抑或并非仅限于蹄病。

动物的诸多外科疾病可导致四肢组织器官机能紊乱而引起支柱跛行，诸如肌肉疾病、腱及韧带疾病、神经疾病、骨疾病、关节疾病等。此外，动物罹患营养代谢性疾病（如佝偻病、骨软症）、中毒病（如氟中毒）、产科疾病（如生产瘫痪，或称乳热症）、传染病（如口蹄疫）等诸多非外科临床疾病的过程中也可表现支柱跛行。因此，在动物蹄病诊断过程中，必须注意加以甄别，以防贻误病情。

蹄病的发生原因林林总总，纷繁复杂。概括分为素因与诱因、内因与外因、局部因素与整体因素、器质性因素与功能性因素、机械性因素与生物性因素。诸如饲养管理失宜，饲料中矿物质不足或比例失调、维生素缺乏等，此乃引起跛行的全身性因素；气候突变、低温、大风、阴雨天气，可能导致风湿病；修蹄、护蹄和装蹄失宜，可直接引起蹄病；使役（竞赛）不当、过劳、重役可诱发蹄病。

临床诊疗过程中，针对具体的蹄病，要尽力判明病因。首先，应该分清是症候性跛行，还是运动器官本身的疾病，否则只关注运动器官，而忽略对疾病本质的认识，会贻误治疗时机；其次，对运动器官本身的疾病，应分清是全身性因素引起的四肢疾病，还是单纯的局部病灶引起的机能障碍，这对跛行诊治具有重要意义，因为有些疾病，如骨质疏松症引起的跛行，局部治疗效果欠佳，而全身疗法见效显著；再者，局部病变，应分清是疼痛性疾病还是机能障碍，因为有的疾病引起的跛行未必有痛点。

临床蹄病诊断绝非易事。首先，熟知四肢的解剖特征和生理功能是跛行诊断的基础，由此可甄别动物状态的异常变化；其次，应熟练掌握本地区动物蹄病的发病规律，由于各地区在饲养、管理、使役、水土、地形、植物分布、作业种类等方面大相径庭，因而动物蹄病的常发病、多发病也有其内在的规律可循；再者，应熟悉常发的疾病，并掌握每种疾病的临床特征；最后，还要熟练掌握诊断的方法。这样才能全面、系统、准确地收集病史和所表现的临床症状。经过反复认真地观察比较，并结合解剖和生理知识，对病史和临床症状进行归纳整理，去粗取精，去伪存真，由此及彼，由表及里，加以综合分析；灵活运用对立统一法则，正确地处理现象与本质、局部与整体、个性与共性、正常与异常、素因与诱因的辩证关系，最终探明发病原因和部位，建立正确的诊断，确诊疾病。

1. 问诊　蹄病有发生、发展和转归的过程。兽医对疾病发生、发展到就医前这一阶段的情况一无所知。需要通过询问动物主人，以便了解患病动物的饲养、管理、使役情况，跛行发生的时间、地点、当时表现，何时表现严重（运动开始、运动中、运动休息后），是否接受过治疗及治疗的时间、地点、方法、效果等。

当然，在进行问诊时，不能死板地逐条询问，应根据当时情况提出不同问题，必要时除这些问题外还可提出与疾病有关的其他问题。

通过问诊，可以缩小疾病的范围，推断疾病发生的原因，为进一步诊断提供有价值的线索。

2. 视诊

（1）驻立视诊：将动物放置于六柱栏加以适当保定，或拴系于木桩。注意观察肢的驻立和负重，是否有交替负重、减免负重（内收、外展、前踏、后踏）等表现，以便确定患蹄。

（2）运步视诊：牵拉动物在跛行专用通道上进行各种运动。圆周运动可使内侧支跛加重，外侧悬跛加重。回转运动指使动物快步直线运动，并突然回转，向后转的瞬时可见患肢运动障碍，连续进行几次；可分别向左向右回转，比较分析。乘挽运动即进行乘骑或适当的拉挽运动，在此过程中，可发现平时表现不明显的异常。硬地、石子地运动可使支跛加重。软地运动可使支跛减轻或消失。上坡运动可使前后肢悬跛、后肢支跛加重，下坡运动可使前肢支跛加重。

在运步的过程中，注意观察一些提示跛行的特殊表现：患肢系部直立，蹄音低，后方短步，蹄迹浅；头部运动（健前肢负重低头，患前肢着地举头）；骶部运动（健后肢着地，骶部低下；患后肢着地，骶部高举）。

通过运步视诊，可以确定跛行的种类，判定患蹄，进一步缩小范围。

（3）蹄的观察：将疑似患蹄抬起，去掉蹄铁，洗净。注意观察蹄冠、蹄底、蹄支、指（趾）间有无病变。蹄冠肿胀可能是腐蹄病、蹄深部组织化脓波及造成。钉伤、蹄底刺创、白线病、蹄裂、蹄底溃疡、指（趾）间皮炎、指（趾）间皮肤增生、蹄糜烂、粉蹄等蹄病，通过蹄部视诊基本可以确诊。变形蹄（卷蹄、芜蹄、蟹蹄、剪状蹄、高蹄、广蹄等）通过蹄部视诊可以确诊。

3. 触诊 检查蹄温、指（趾）动脉，用检蹄器敲打、钳夹蹄各部，检查痛点。

（1）检查蹄温：以手背感知蹄壁温度。温度高于手背，可能提示蹄部发炎。

（2）检查指（趾）动脉：前肢在系部屈腱两侧，后肢在跖部外侧上1/3下端、屈腱和骨之间。以拇指和食指轻轻感觉动脉搏动，与对侧比较，蹄部发炎时动脉搏动明显。

（3）检蹄器的使用：用检蹄器敲击，钳夹蹄前壁、蹄侧壁、蹄踵壁及蹄叉，并与对侧比较，判断蹄真皮、远籽骨及其滑膜、蹄软骨的疾患。

4. 传导麻醉诊断 掌（跖）神经掌（跖）支麻醉，可诊断远籽骨滑膜炎。在蹄软骨上缘，指（趾）静脉的后面，针头对着指（趾）深屈肌腱边缘刺入皮下，并于两侧各注射3％普鲁卡因注射液3～4 mL。

5. 热浴检查 在水桶内放40 ℃的温水，将患蹄热浴15～20 min，如为腱、韧带或其他软组织炎症所引起的跛行，热浴后，跛行可暂时消失或大为减轻；相反，如为闭锁性骨折、籽骨和蹄骨坏死或骨关节疾病所引起的跛行，应用热浴以后，跛行一般都加重。

6. 斜板试验 斜板（楔木）试验主要用于诊断蹄骨、屈腱、舟状骨（远籽骨）、远籽骨滑膜囊炎及蹄关节的疾病（图43-1）。斜板为长50 cm、高15 cm、宽30 cm的木板一块。检查时，迫使动物患肢蹄前壁在上，蹄踵在下，站在斜板上，然后提举健肢。此时，患肢的深屈腱非常紧张，上述结构异常时，动物由于疼痛加剧不愿在斜板上站立。检查时应和对侧健肢进行比较。怀疑蹄骨和远籽骨有骨折时，禁用斜板试验。

7. X 线、DR 摄影诊断　蹄的正位、侧位摄影，有助于诊断蹄关节、远籽骨及其滑膜的异常，以及蹄软骨骨化、蹄骨转位、钉伤等疾病。

8. 病原菌的检查　对蹄的感染化脓性疾病（蹄深部化脓性炎症），可分离病原菌，进行细菌鉴定，并进行药物敏感性试验，以便筛选敏感药物，配合全身治疗。

9. 建立诊断　为了避免误诊，应注意分析下列几个问题。

（1）疾病的轻重与跛行程度是否一致。

（2）病变新旧与跛行发生时间是否一致。

（3）患病器官的功能与跛行种类是否一致。

（4）跛行发生的快慢与疾病的进程是否一致。

（5）解剖学上的变化与疼痛的关系。

（6）运动时跛行的程度变化和疾病性质的关系。

（7）局部病变和全身表现的关系。

（8）注意一肢跛行与多肢跛行的关系。

图 43 - 1　斜板试验

总之，蹄病诊断是一项比较细致而复杂的工作，必须在掌握蹄解剖生理的基础上，掌握可能引起跛行的每种疾病的发生发展规律和临床表现，才能建立正确的诊断。

（二）蹄病的治疗

蹄病的治疗宜根据不同疾病及发病原因，采取有针对性的治疗方法，才能取得预期的疗效。蹄病不同，治疗方法各异。有关特殊蹄病的具体治疗方法，不予赘述。本实验仅就蹄病的一般治疗方法总结如下。

1. 浸泡疗法　具体治疗方法是以 10％硫酸铜溶液加入 2％福尔马林复方药液作为蹄部药浴液，定期对动物蹄部药浴，并与蹄部及系部喷雾治疗交叉进行，这样可以降低蹄病的发生率。操作时由学生在老师的指导下进行，以掌握药浴的方法和注意事项。

2. 削蹄及造沟疗法　利用蹄刀进行合理的削蹄。削蹄时根据蹄部及肢型进行操作，削去多余的蹄负缘及蹄尖。该方法用于治疗不正蹄形、异常肢势、蹄裂及白线裂等疾病。

对蹄裂的治疗，为了使已裂开的角质不致引起继发病和裂缝不继续扩大，可行造沟法。在裂缝上端或两端造沟，切断裂缝与健康角质的联系，以防裂缝延长。沟深 5～7 mm，长 15～20 mm，深达裂缝消失为止，以减轻地面对蹄角质病变部的压力，避免裂隙的开张及延长。主要适用于浅层裂或深层的不全裂。

对部分蹄冠部的角质纵裂，在无菌的条件下，将蹄冠部角质削至生发层，患部中心涂鱼肝油软膏，每天一次，包扎绷带。促进瘢痕角质的形成，经过一定时间，逐渐生长为蹄角质。必要时用医用高分子黏合剂黏合裂隙，在黏合前先削蹄整形或进行特殊装蹄，再清洗和整理裂口，并进行彻底消毒，最后用医用高分子黏合剂黏合。

对不正的蹄形在保守治疗时，也可以采取削蹄疗法，其方法是根据肢势削去过多一侧的蹄角质，使蹄底变平，恢复肢势。

3. 烧烙、腐蚀疗法　本方法主要利用电烙铁或腐蚀剂对过度增生的结缔组织进行烧烙、腐蚀，必要时切割，以制止过度增生、达到治疗目的。本法主要用于趾间皮炎等疾病的治疗。治疗时利用电烙铁对增生的结缔组织进行烧烙或利用腐蚀剂对过度增生的结缔组织进行腐蚀，使其恢复增生前的状态，然后局部涂敷油剂和抗生素，如松馏油、鱼石脂软膏等。

4. 封闭疗法　本方法主要是利用盐酸普鲁卡因和抗生素的混合液对病变局部进行封闭，暂时缓解炎症反应及过度的疼痛，主要用于感染性蹄部疾病。治疗时用每毫升溶有1 000 IU青霉素的盐酸普鲁卡因溶液5～10 mL在病变的四周进行分点注射，一般经过3～4次即可获得很好的治疗效果。

5. 手术疗法　对一些蹄部变形或化脓性疾病，要手术切开进行开放疗法。

6. 装蹄疗法　一些疾病可以引起蹄部的变形，如蹄叶炎、白线裂、舟状骨病等，此外一些不良蹄形如广蹄、倾蹄、平蹄及交突、追突蹄形等也可以间接引起蹄部疾病。而这些疾病或不良蹄形可以通过矫形装蹄得到解决，特别是疾病的早期。需要提醒的是动物未表现症状时单独进行矫形装蹄即可，但在疾病的进行期，矫形装蹄只能改善症状。

矫形装蹄时，多削蹄尖，装设上弯的连尾蹄铁、带侧唇蹄铁等，总之通过装蹄铁使蹄部的形状符合肢势及负重要求，同时制止蹄部的变形性生长。

（三）护蹄

为了减少蹄病和变形蹄的发生，平素应加强饲养管理，合理使役，制订完善的修蹄护蹄制度。

1. 定期进行检蹄并修蹄、装蹄　必须定期检查动物的蹄部，并对其进行有计划和合理的修整。牛、绵羊、山羊和猪，一年不少于1～2次（最好是在放牧之前），切削过长的角质，并对蹄底进行清理。种牛一年4次削蹄为好。役用的马和牛，必须有计划地每经过4～6周改装一次蹄铁。装蹄、削蹄要求有熟练的技术和合理的角度；修蹄要有专门的修蹄架，工具除削蹄刀、蹄铲、蹄锉等修蹄器械外，还要有电动修蹄机。

此外，马、骡在车船运输和通过铁路、石路、板桥、丛林或裂缝地段时，常因马蹄或蹄铁被挤压，导致蹄铁松动、脱落或蹄角质崩损，遇到此类情况应检查，发现问题及时处理。连日阴雨或长期在泥泞道路和水稻田作业时，蹄角质易因浸泡变软，蹄铁也易松动脱落，须及时紧钉或加钉。在冰雪地带作业，应装冰上蹄铁，并注意检查磨灭情况，如有松动或折断应及时更换。

同时要对兽医人员和装蹄员有计划地加强技术训练，提高削蹄、装蹄技术水平。

2. 加强饲养管理和营养物质的供应　有些蹄病是在集约化的饲养方式条件下，由于营养物质的缺乏或代谢障碍而引起，所以在定期修蹄和检蹄的同时要注意供应充足的营养物质，如各种氨基酸、矿物质、维生素等。

3. 注意运动场地的定期养护　对部分经济动物如乳牛，目前都采取集约化饲养方式，这样常年舍饲且又处于高代谢强度和运动不足的情况下，动物易发生代谢性蹄病。此外运动场高低不平，排水不畅，存水、泥泞，运动场为混凝土地面或砖铺地面，补饲槽和饮水槽附近混凝土地面损坏，山区或半山区的运动场碎石太多，是造成乳牛损伤性蹄病的因素，并进而引起蹄角质生长不良和变形蹄的发生。在挤乳厅集中挤乳的牛群，如果通道太长，路面为混凝土并有坡度或设置防滑棱，可造成蹄负缘、球部甚至蹄底的过度磨损，坚硬的路面可导致白线裂和蹄底溃疡多发。运动场面积过小或根本不设运动场而常年舍饲，可影响蹄部的血液循环，角质质量下降。若运动场为黏土或三合土地面，长期不给乳牛清蹄，黏结的泥土和污物可黏附在蹄壁（底）周围和指（趾）间隙，形同铠甲，影响蹄的运动和代谢。以上多种因素作用常诱发蹄冠炎、指（趾）间皮炎和蹄球糜烂，严重时引起蹄深部组织的化脓性疾病。

所以马厩、牛栏、猪舍、羊圈的地面必须平整，及时发现破损并及时修理。在牧场上要清除垃圾和异物，例如铁丝、碎木片、金属块等。

4. 定期的洗蹄和药浴　无论过度潮湿或是干燥，均对蹄角质的硬度和弹性有不良的影响。为了保持蹄角质的正常湿度和弹性，应将动物饲养在清洁、干燥的地面上，马蹄和牛蹄定时用清水刷洗干净，或在每次修整时都用湿润的拭布擦拭。羊、猪的蹄角质干燥和脆弱时，可在早晨放牧时放到有露水的草场，或赶到小溪里浸泡 30 min。但为了预防蹄角质的浸渍，不应当利用潮湿、多沼泽的牧场，还要保持地面清洁，清除畜舍内堆积的粪和尿等。

在护蹄方面，药浴是一个经济而简单的预防蹄病的方法。一般用 4％硫酸铜或 5％福尔马林喷洒与蹄浴，可有效地杀灭病原微生物，增加蹄角质硬度，提高蹄部皮肤抵抗力，减少蹄部的感染机会。

5. 改良乳牛床面　乳牛蹄病的发生与床面不良有直接关系。生物发酵床面以及细沙床面，软硬适度，价格低廉，可有效预防乳牛蹄病的发生，值得推广使用。

五、注意事项

（1）发现一蹄可疑部位一定要与对肢的同一部位进行比较，以便确诊。
（2）蹄部疾病的治疗几种方法综合应用效果较好。
（3）采取综合防治措施，可有效降低蹄部疾病的发病率。

参 考 文 献

柴智明，2013. 外科手术学实验教程 ［M］. 合肥：中国科学技术大学出版社.

何塞·罗德里格斯，2021. 小动物外科学：外科技术进阶指导手册 ［M］. 杨磊，译. 北京：化学工业出版社.

林德贵，2011. 兽医外科手术学 ［M］.5 版. 北京：中国农业出版社.

刘云，2013. 小动物外科手术标准图谱 ［M］. 北京：中国农业出版社.

王洪斌，2011. 兽医外科学 ［M］.5 版. 北京：中国农业出版社.

Jane Cho，Jane E. Quandt，Curtis W. Dewey，et al. 2019. Small Animal Surgery ［M］.5th ed. Amsterdam：Elsevier Inc.

附 录

附录一　细菌抹片的制备及染色

细菌细胞微小，常为无色、半透明状，直接在普通光学显微镜下观察，只能大致见到其外貌，制成抹片并染色后，则能较清楚地显示其形态和结构。不同的染色反应也可作为鉴别细菌的一种依据。

常应用各种染料对细菌进行染色。由于毛细、渗透、吸附和吸收等物理作用，以及离子交换、酸碱亲和等化学作用，染料能使细菌着色，并且因细菌细胞的结构和化学成分不同，而会有不同的染色反应。

（一）细菌抹片的制备

进行细菌染色之前，须先做好细菌抹片，其方法如下。

（1）玻片准备：载玻片应透明、洁净而无油渍，滴上水后，能均匀展开，附着性好。如有残余油渍，可按下列方法处理：滴 95％乙醇 2～3 滴，用洁净纱布揩擦，然后在酒精灯外焰上轻轻拖过几次。若仍不能去除油渍，可再滴 1～2 滴冰醋酸，用纱布擦净，再在酒精灯外焰上轻轻拖过。

（2）抹片：所用材料情况不同，抹片方法也有差异。

液体材料（如液体培养物、血液、渗出液、乳汁等）可直接用灭菌接种环取一环材料，于玻片的中央均匀地涂布成适当大小的薄层。

非液体材料（如菌落、脓、粪便等）则应先用灭菌接种环取少量生理盐水或蒸馏水，置于玻片中央，然后再用灭菌接种环取少量材料，在液滴中混合，均匀涂布成适当大小的薄层。

组织脏器材料可先用镊子夹持中部，然后以灭菌或洁净剪刀取一小块，夹出后将其新鲜切面在玻片上压印（触片）或涂抹成一薄层。

如有多个样品同时需要制成抹片，只要染色方法相同，也可在同一张玻片上有秩序地排好，做多点涂抹，或者先用蜡笔在玻片上划分成若干小方格，每方格涂抹一种样品。

（3）干燥：上述涂抹应让其自然干燥。

（4）固定：有火焰固定和化学固定两类方法。

火焰固定的操作方法是将干燥好的抹片，使涂抹面向上，以其背面在酒精灯外焰上如钟摆样来回拖过数次，略加热（但不能太热，以不烫手为度）进行固定。

血液、组织脏器等抹片要做吉姆萨（Giemsa）染色，不用火焰固定，而用甲醇进行化学固定。可将已干燥的抹片浸入甲醇中 2～3 min，取出晾干；或者在抹片上滴加数滴甲醇使其作用 2～3 min，自然挥发干燥。抹片如做瑞氏（Wright's）染色，则不必先做特别固定，因为染料中含有甲醇，可以达到固定的目的。

固定好的抹片就可进行各种方法的染色。

抹片固定的目的有如下几点。

①除去抹片的水分，使涂抹材料能很好地贴附在玻片上，以免水洗时被冲掉。

②使抹片易于着色或更好地着色，因为染料对变性的蛋白质比对非变性的蛋白质着色力更强。

③可杀死抹片中的微生物。

必须注意，在抹片固定过程中，实际上并不能保证杀死全部细菌，也不能完全避免在染色水洗时不将部分抹片冲脱。因此，在制备烈性病原菌，特别是能产生芽孢的病原菌的抹片时，应严格慎重处理染色用过的残液和抹片本身，以免引起病原的散播。

（二）几种常用的染色方法

只应用一种染料进行染色的方法称简单染色法，如美蓝染色法。应用两种或两种以上的染料或再加媒染剂进行染色的方法称复杂染色法。染色时，有些是将染料分别先后使用，有些则同时混合使用。染色后不同的细菌或物体，或者细菌构造的不同部分可以呈现不同颜色，有鉴别细菌的作用，又可称为鉴别染色，如革兰染色法、抗酸染色法、瑞氏染色法和吉姆萨染色法等。

（1）美蓝染色法：细菌菌体蛋白质的等电点多偏酸性（pH 2.0～5.0），而细菌生活环境的 pH 在 7.0 左右，此时，细菌菌体带负电荷，极易与碱性美蓝染料结合呈蓝色。

在已干燥固定好的抹片上，滴加适量的（足够覆盖涂抹点即可）美蓝染色液。经 1～2 min，水洗，干燥（可用吸水纸吸干，或自然干燥，但不能烤干），镜检。可见菌体染成蓝色。

（2）革兰染色法：革兰染色法的机理仍不太清楚，但一般认为与细菌细胞壁的结构和化学成分有关。革兰阴性菌的细胞壁，其脂类含量较多，当以 95％乙醇脱色时，脂类被溶去，使得细胞壁孔隙变大，尽管 95％乙醇处理能使肽聚糖孔隙缩小，但因其肽聚糖含量较少，细胞壁缩小有限，故能让结晶紫（或龙胆紫）与碘形成的紫色染料复合物被 95％乙醇洗脱出细胞壁之外，而被后来红色的复染剂染成红色。而革兰阳性细菌细胞壁所含脂类少，肽聚糖多，经 95％乙醇脱色时其细胞壁孔隙缩小到不易让结晶紫（或龙胆紫）与碘形成的紫色染料复合物被洗出细胞壁外，而被染成紫色。染色步骤如下。

①在已干燥、固定好的抹片上，滴加草酸铵结晶紫溶液，经 1～2 min，水洗。

②加革兰碘溶液于抹片上媒染，作用 1～3 min，水洗。

③加 95％乙醇于抹片上脱色，0.5～1 min，水洗。

④加稀释的苯酚复红（或沙黄水溶液）复染 10～30 s，水洗。

⑤吸干或自然干燥，镜检。革兰阳性菌呈蓝紫色，革兰阴性菌呈红色。

（3）抗酸染色法：抗酸杆菌类一般不易着色，需用强浓染液加温或延长时间才能着色，但一旦着色后即使用强酸、强碱或含酸乙醇也不能使其脱色。其原因有二：第一，细菌细胞壁含有丰富的蜡质（如分枝菌酸），它可阻止染液透入菌体，但一旦染料进入菌体后就不易脱去；第二，菌体表面结构完整，当染料着染菌体后即能抗御酸类脱色，若细胞膜及细胞壁破损，则失去抗酸性染色特性。

①齐-尼（Ziehl-Neelsen）染色法：首先在已干燥、固定好的抹片上滴加较多的苯酚复红染色液，在抹片下以酒精灯火焰微微加热至产生蒸汽为度（不要煮沸），维持微微产生蒸汽状态，经 3～5 min，水洗。然后用 3％盐酸乙醇脱色，至标本无色脱出，充分水

洗。再用碱性美蓝染色液复染约 1 min，水洗。最后吸干，镜检。可见抗酸性细菌呈红色，非抗酸性细菌呈蓝色。

②又法之一：固定后的抹片上滴加 Kinyoun 苯酚复红染液，染色 3 min。连续水洗 90 s 后滴加 Gabbott 复染液，染色 1 min。连续水洗 1 min，用吸水纸吸干，镜检。可见抗酸菌呈红色，其他菌呈蓝色。

Kinyoun 苯酚复红染液配方：

碱性复红	4 g
95％乙醇	20 mL
苯酚	9 mL
蒸馏水	100 mL

配制时将碱性复红溶于乙醇，再缓缓加水并摇振，再加入苯酚混合。

Gabbott 复染液配方：

美蓝	1 g
无水乙醇	20 mL
浓硫酸	20 mL
蒸馏水	50 mL

配制时先将美蓝溶于乙醇，再加蒸馏水，再加硫酸。

③又法之二：滴加苯酚复红染液于抹片（已干燥固定过的）上染色 1 min，水洗；再用 1％美蓝乙醇液复染 20 s，水洗。干燥后镜检。可见抗酸性菌呈红色。应用此法时应注意镜检前对光检查染色片，标本片应呈蓝色，如标本片呈现红色或棕色，表示复染不足，应再复染 5～10 min，再观察，如仍未全呈蓝色时，可反复复染至符合要求。

（4）瑞氏染色法：瑞氏染料是碱性美蓝与酸性伊红钠盐混合而成的染料，当溶于甲醇后即发生分离，分解成酸性和碱性两种染料。由于细菌带负电荷，与带正电荷的碱性染料结合而成蓝色。组织细胞的细胞核含有大量的核糖核酸镁盐，也与碱性染料结合成蓝色。而背景和细胞质一般为中性，易与酸性染料结合染成红色。

操作方法为抹片自然干燥后，滴加瑞氏染色液于其上，为了避免很快变干，染色液可稍多加些，或看情况补充滴加；经 1～3 min，再加约与染液等量的中性蒸馏水或缓冲液，轻轻晃动玻片，使之与染液混合，经 5 min 左右，直接用水冲洗（不可先将染液倾去），吸干或烘干，即可镜检。可见细菌呈蓝色，组织细胞的细胞质呈红色，细胞核呈蓝色。

也可待抹片自然干燥后，按抹片点大小盖上一块略大的清洁滤纸片，在其上轻轻滴加染色液，至略浸过滤纸，并视情况补滴，维持不使变干；染色 3～5 min，直接以水冲洗，吸干或烘干，镜检。此法中染色液经滤纸滤过，可大大避免沉渣附着于抹片上而影响镜检观察。

（5）吉姆萨染色法：原理与瑞氏染色法相同。

于 5 mL 新煮过的中性蒸馏水中滴加 5～10 滴吉姆萨染色液原液，即稀释为常用的吉姆萨染色液。

抹片甲醇固定并干燥后，在其上滴加足量染色液或将抹片浸入盛有染色液的染缸中，染色 30 min，或者染色数小时至 24 h，取出水洗，吸干或烘干，镜检。可见细菌呈蓝青色，组织细胞质呈红色，细胞核呈蓝色。

附录二 培养基的制备

培养基是用人工方法将多种物质按照各类微生物生长的需要而合成的一种混合营养基质，一般用于分离和培养细菌。常用的培养基有基础培养基、增菌培养基、选择培养基、鉴别培养基和厌氧培养基等。

（一）制作的一般要求

（1）培养基必须含有细菌生长所需要的营养物质。

（2）培养基的材料和盛培养基的容器应没有抑制细菌生长的物质。

（3）培养基的 pH 应符合细菌生长的要求。适合多数细菌生长的环境是弱碱性的，即 pH 7.2～7.6。

（4）所制培养基应该是透明的，以便观察细菌的生长性状和其他代谢活动所产生的变化。

（5）必须彻底灭菌，不得含有任何活细菌。

（二）制备的一般过程

不同的培养基制备的方法不同，一般有如下步骤。

（1）根据不同的种类和用途，选择适宜的培养基。

（2）按培养基配方称好各种原料，使用的试剂药品必须达到化学纯或分析纯，各种成分的称量必须精确。

（3）将各种成分按规定混合、加热溶解，调整 pH 到适宜的范围。再加热煮沸10～15 min（注意补加液体的损耗）。

（4）过滤（用滤袋或纱布棉花）、分装、灭菌，不同培养基的灭菌温度和时间不同，通常为 103.41 kPa 15～20 min。

（5）培养基中的某些成分，如血清、腹水、糖类、尿素、氨基酸、酶等，在高温下易分解、变性，故应用滤菌器滤过，再按规定的温度和量加入培养基中。

（6）无菌检查。取制好的培养基数管，置37 ℃恒温箱内24 h，无细菌生长即可使用。

（三）方法和步骤

（1）普通肉汤培养基的制作：

①按以下剂量称取各种试剂（先称取盐类再称蛋白胨及牛肉膏），置于铝锅或搪瓷缸中。

牛肉膏	5 g
蛋白胨	10 g
氯化钠	5 g

磷酸氢二钾	1 g
蒸馏水	1 000 mL

②将上述成分混合加热溶解后，以 0.1 mol/L NaOH 溶液调整 pH 至 7.4～7.6。

初配好的牛肉膏蛋白胨培养液是偏酸性的，故要用 NaOH 调整。为避免过量，应缓慢加入 NaOH，边加边搅拌，并不时地用 pH 试纸测试。也可取培养基 5 mL 于干净试管中，逐滴加入 NaOH 调 pH 至 7.4～7.6，并记录 NaOH 的用量，再换算出培养基总体积中须加入 NaOH 的量，即可调至所需的 pH 范围。

所需 0.1 mol/L NaOH 量＝（培养基量×校正时用去 0.1 mol/L NaOH 量）/5

假如，5 mL 培养基 pH 调至 7.6 时用去 0.1 mol/L NaOH 为 1.2 mL，测 1 000 mL 培养基需加 0.1 mol/L NaOH 量为（1 000×1.2）/5＝240 mL，即在 1 000 mL 培养基中加 0.1 mol/L NaOH 溶液 240 mL 才能使培养基达到预定的 pH 浓度。为避免加量过多，影响培养基浓度，在 1 000 mL 培养基中可改加入 24 mL 1 mol/L 或 2.4 mL 10 mol/L NaOH 溶液。

③将调整 pH 后的肉汤培养基用滤纸过滤。

④将过滤好的肉汤分装试管，每管约 5 mL，塞上棉塞，用包装纸包好待灭菌。

⑤将培养基置高压蒸汽锅内，121 ℃灭菌 15～30 min。

（2）普通琼脂培养基的制备：

普通肉汤	500 mL
琼脂	10 g

琼脂是由海藻中提取的一种多糖类物质，对病原性细菌无营养作用，但在水中加热可融化，冷却后可凝固。在液体培养基中加入 1.5%～2%琼脂，即成固体培养基，如加入 0.3%～0.5%则成半固体培养基。

①将称好的琼脂加到普通肉汤内，加热煮沸，待琼脂完全融化后，将 pH 调至 7.4～7.6，再加热煮沸 20 min，并注意补充蒸发的水量，琼脂融化过程中需不断搅拌，并控制火力，不要使培养基溢出或烧焦。

②用蒸馏水湿润夹有薄层脱脂棉的纱布用于过滤培养基，边过滤边分装试管（使热培养基陆续加入漏斗，切勿使培养基凝固在纱布棉上），每管 4～5 mL（约 3 指高），试管分装完毕塞好棉塞，剩余部分装入灭菌盐水瓶中，包好待灭菌。

③高压蒸汽灭菌后，趁热将试管口一端置于玻棒上，使之有一定坡度，凝固后即成普通琼脂斜面，也可直立，凝固后即成高层琼脂。

④剩余部分的普通琼脂以手掌感触，若将琼脂瓶紧握手中觉得烫手，但仍能握持时，即为倾倒平皿的合适温度（50～60 ℃）。每只灭菌培养皿倒入 10～15 mL，将皿盖盖上，并将培养皿于桌面上轻轻回转，使培养基平铺于皿底，即成普通琼脂平板。

⑤培养基中的某种成分，如血清、糖类、尿素、氨基酸等在高温下易于分解、变性，故应过滤除菌，再按规定的量加入培养基中。

（3）鲜血琼脂培养基的制备：

①鲜血培养基配制时需使用无菌血液，即用无菌操作方法采自健康动物的鲜血，通常是绵羊或家兔的血液。将收集到的血液加入盛有 5%灭菌枸橼酸钠或 3%灭菌肝素的 100 mL 三角瓶内，或加入盛有玻璃小珠的灭菌三角瓶内摇匀脱纤后置冰箱中待用。

②将灭菌的普通琼脂培养基加热融化，待冷却至 50 ℃左右，加入无菌脱纤绵羊或家兔鲜血至普通琼脂培养基量的 5％（即每 100 mL 普通琼脂加入鲜血 5～6 mL），混合后，分装灭菌试管，并立即摆成斜面或倾注于灭菌平皿。待凝固后，置 37 ℃培养 24 h 无菌检验合格方可应用。制备时需特别注意琼脂培养基的温度，如果温度过高，鲜血加入后则成紫褐色；温度过低，则鲜血加入后培养基易凝固而不易混合。同时注意混合时切勿产生气泡。

（4）半成品培养基的制备：半成品培养基成分无需自己配制，有现成的商品出售，只要按瓶签上的说明及所需量和要求直接溶解、分装、灭菌制成平板或斜面即可。半成品培养基，根据培养基所含成分的特性不同，有的不宜高压灭菌，有的则可高压灭菌，如 SS 琼脂和沙门菌、志贺菌选择培养基不可高压灭菌或过久加热，麦康凯琼脂、三糖铁琼脂均可进行高压灭菌。

附录三　细菌的分离培养及移植

在细菌学诊断中，分离培养是不可缺少的一环。分离培养的目的主要是在含多种细菌的病料或培养物中挑选出某种细菌。在分离培养时应注意选择适合于所分离细菌生长的培养基、培养温度、气体条件等。同时应严格按无菌操作程序进行实验，并做好标记。

（一）需氧性细菌分离培养法

1. 划线分离培养法　此法为常用的细菌分离培养法。平板划线培养的方法甚多，可按各人的习惯选择应用，其目的都是将被检材料适当稀释，以求获得独立单在的菌落，防止发育成菌苔，以致不易鉴别其菌落性状。划线培养时应注意以下几点。

（1）左手持皿，用左手的拇指、食指及中指将皿盖揭开至 20°角左右（角度越小越好，以免空气中的细菌进入皿中将培养基污染）。

（2）右手持接种环，从混合培养物中取少许材料涂布于培养基边缘，然后将接种环上多余的材料在火焰中烧毁，待接种环冷却后，再与所涂材料的地方轻轻接触，开始划线，方法如附图 3-1 所示。划线前先将接种环稍稍弯曲，这样易与平皿内琼脂面平行，不致划破培养基。划线中不宜过多地重复旧线，以免形成菌苔。

（3）接种完毕，在皿底做好菌名、日期和接种者等标记，将平皿倒扣，置 37 ℃培养。

2. 纯培养的获得与移植　将划线分离培养平皿于 37 ℃培养 24 h 后从温箱取出，挑取单个菌落涂片、染色镜检，证明不含杂菌。或用接种环挑取单个菌落于琼脂斜面培养，所得到的培养物即为纯培养物，再做其他检查和致病性试验等。具体操作方法如下。

（1）两试管斜面移植时，左手斜持菌种管和被接种琼脂斜面管，使管口互相并齐，管底部放在拇指和食指之间，松动两管棉塞，以便接种时容易拔出（附图 3-2）。

右手持接种棒，在火焰上灭菌后，用右手小指和无名指并齐同时拔出两管棉塞（附图 3-3），将管口进行火焰灭菌，使其靠近火焰（附图 3-4）。将接种环伸入菌种管，先在无菌生长的琼脂上接触使之冷却，再挑取少许细菌后拉出接种环立即伸入另一管斜面培养基上，勿碰及斜面和管壁，直达斜面底部。从斜面底部开始划曲线，向上至斜面顶端，管口通过火焰灭菌，将棉塞塞好。接种完毕，接种环通过火焰灭菌后放下接种棒。最后在斜面管壁上注明菌名、日期和接种者，置 37 ℃温箱中培养。

（2）从平板培养基上选取可疑菌落移植到琼脂斜面上做纯培养时，则用右手执接种棒，将接种环火焰灭菌，左手打开平皿盖，挑取可疑菌落，左手盖上平皿盖后立即取斜面管，按上述方法进行接种、培养。

3. 肉汤增菌培养　为了提高由病料中分离到细菌的机会，在用平板培养基做分离培养的同时，多用普通肉汤做增菌培养，病料中即使细菌很少，这样做也多能检查到。另外，用肉汤培养细菌，可以观察其在液体培养基中的生长表现，也是鉴别细菌的依据之一。其操作方法与斜面纯培养相同：无菌取病料少许，接种增菌培养基或普通肉汤管内，于37 ℃下培养。

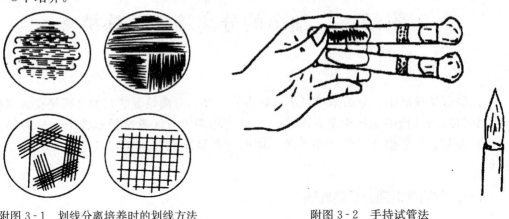

附图 3-1　划线分离培养时的划线方法　　　　附图 3-2　手持试管法

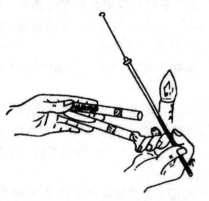

附图 3-3　拔试管棉塞　　　　　　　　　　附图 3-4　斜面接种法

4. 穿刺培养　半固体培养基用穿刺法接种。方法基本上与纯培养接种相同，不同的是用接种针挑取菌落，垂直刺入培养基内。要从培养基表面的中部一直刺入管底，然后按原方向退出即可。

5. 倾注培养法　取 3 支融化后冷却至 45 ℃左右的琼脂管，用接种环取一环培养物移至第 1 管，摇匀，从第 1 管取一接种环至第 2 管，摇匀，再由第 2 管取一接种环至第 3 管，摇匀。将 3 管含有培养物的琼脂分别倒入 3 个灭菌培养皿内做成平板，凝固后倒放于 37 ℃恒温箱内培养，24 h 后观察结果。第 1 管的平板菌落甚多，而第 2、第 3 管的平板菌落则渐渐减少，此法现在应用较少。

6. 芽孢需氧菌分离培养法　若怀疑材料中有带芽孢的细菌，先将检查材料接种于一支含有液体培养基的试管中，然后将它置于水浴箱，加热到 80 ℃，维持 15～20 min，再行培养。材料中若有带芽孢的细菌，其仍能存活并发育生长，不耐热的细菌繁殖体则被杀灭。

7. 利用化学药品的分离培养法

（1）抑菌作用：有些药品对某些细菌有极强的抑制作用，而对另一些细菌则无效，故可利用此种特性来进行细菌的分离，例如通常在培养基中加入结晶紫或青霉素抑制革兰阳性菌的生长，以分离革兰阴性菌。

（2）杀菌作用：将病料如结核病病料加入 15％硫酸溶液中处理，其他杂菌皆被杀死，结核菌因具有抗酸活性而存活。

（3）鉴别作用：根据细菌对某种糖具有分解能力，通过培养基中指示剂的变化来鉴别某种细菌。例如 SS 琼脂培养基可以用于鉴别大肠杆菌与沙门菌。

8. 利用实验动物的分离法　当分离某种病原菌时，可将被检材料注射于敏感性高的实验动物体内，如将结核菌材料注射于豚鼠体内，杂菌不发育，而豚鼠最终患慢性结核病而死。

实验动物死后，取心血或脏器用以分离细菌，有时甚至可得到纯培养。

（二）厌氧性细菌的分离培养法

厌氧菌需有较低的氧化-还原势能才能生长（例如破伤风梭菌需氧化-还原电势降低至 0.11 V 时才开始生长），在有氧的环境下，培养基的氧化-还原电势较高，不适于厌氧菌的生长。为培养厌氧菌，降低培养环境的氧压是十分必要的。现有的厌氧培养法甚多，主要有生物学、化学和物理学 3 类方法，可根据各实验室的具体情况选用。

1. 生物学方法　培养基中含有植物组织（如马铃薯、燕麦、发芽谷物等）或动物组织（新鲜无菌的小片组织或加热杀菌的肌肉、心、脑等），由于组织的呼吸作用或组织中的可氧化物质氧化而消耗氧气（如肌肉或脑组织中不饱和脂肪酸的氧化能消耗氧气，碎肉培养基的应用，就是根据这个原理），组织中所含的还原性化合物如谷胱甘肽也可以使氧化-还原电势下降。

另外，将厌氧菌与需氧菌共同培养在一个平皿，利用需氧菌的生长将氧消耗后，使厌氧菌能生长。其方法是将培养皿的一半接种吸收氧气能力强的需氧菌（如枯草杆菌），另一半接种厌氧菌，接种后将平皿倒扣在一块玻璃板上，并用石蜡密封，置 37 ℃恒温箱中培养 2～3 d，即可观察到需氧菌和厌氧菌均先后生长。

2. 化学方法　利用还原作用强的化学物质，将环境或培养基内的氧气吸收，或用还原氧化型物质，降低氧化-还原电势。

（1）李伏夫（B. M. JIbbob）法：此法是用连二亚硫酸钠和碳酸钠以吸收空气中的氧气，其反应式如下：

$$Na_2S_2O_4 + Na_2CO_3 + O_2 \longrightarrow Na_2SO_4 + Na_2SO_3 + CO_2$$

取一有盖的玻璃罐，罐底垫一薄层棉花，将接种好的平皿重叠正放于罐内（如为液体培养基，则直立于罐内），最上端保留可容纳 1～2 个平皿的空间（视罐的体积而定），按罐的体积每 1 000 cm³ 空间用连二亚硫酸钠及碳酸钠各 30 g，在纸上混匀后，盛于上面的空平皿中，加水少许使混合物潮湿，但不可过湿，以免罐内水分过多。若用无盖玻罐，则可将平皿重叠正放在浅底容器上，以无盖玻璃罐罩于皿上，罐口周围用石蜡或胶泥封闭（附图 3-5）。

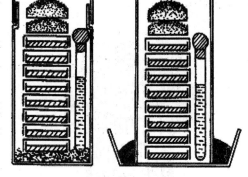

附图 3-5　李伏夫（B. M. JIbbob）法

（2）焦性没食子酸法：焦性没食子酸在碱性溶液中能吸收大量氧气，同时由淡棕色变为深棕色的焦性没食橙。每 100 cm³ 空间用焦性没食子酸 1 g 及 10% 氢氧化钠或氢氧化钾 10 mL，其具体方法主要有下列几种。

①单个培养皿法：将厌氧菌接种于血琼脂平板。取方形玻璃板一块，中央置纱布或棉花或重叠滤纸一片，在其上放焦性没食子酸 0.2 g 及 10% NaOH 溶液 0.5 mL。迅速拿去皿盖，将培养皿倒置于其上，周围以融化石蜡或胶泥密封。将此玻璃板连同培养皿放入 37 ℃温箱培养 24~48 h 后，取出观察。

②Buchner 试管法：取一大试管，在管底放焦性没食子酸 0.5 g 及玻璃珠数个或放一螺旋状铅丝。将已接种的培养管放入大试管中，迅速加入 20% NaOH 溶液 0.5 mL，立即将管口用橡皮塞塞紧，必要时周围封以石蜡，37 ℃培养 24~48 h 后观察（附图 3-6）。

③玻璃罐或干燥器法：置适量焦性没食子酸于一干燥器或玻璃罐的隔板下面，将培养皿或试管置于隔板上，并在玻璃罐内置美蓝指示剂一管，从罐侧加入氢氧化钠溶液放于罐底，将焦性没食子酸用纸或纱布包好，用线系住，暂勿与氢氧化钠接触，待一切准备好后，将线放下，使焦性没食子酸落入氢氧化钠溶液中，立即将盖盖好，封紧，置温箱中培养。

附图 3-6 Buchner 试管法

④瑞（Wright）氏法：将已接种细菌的培养管的脱脂棉塞在火焰中烧灼灭菌后，塞入管中离培养基 1~1.5 cm 处，置适量焦性没食子酸于其上，加入 10% NaOH 溶液 2 mL，迅速用橡皮塞将管口塞紧，以胶泥或石蜡严密封闭置温箱中培养（附图 3-7）。

⑤史（Spray）氏法：用附图 3-8 所示的厌氧培养皿，在皿底一边置焦性没食子酸，另一边置氢氧化钠溶液，将已接种的平皿翻盖于皿上，并将接合处用胶泥或石蜡密封完全，然后摇动底部，使氢氧化钠溶液与焦性没食子酸混合，置温箱中培养。

附图 3-7 瑞（Wright）氏法

⑥平皿法：置一有小圆孔的金属板于两平皿之间，上面的平皿接种细菌，下面的平皿盛焦性没食子酸及氢氧化钠溶液，用胶泥封固后，置温箱中培养（附图 3-9）。

附图 3-8 史（Spray）氏法

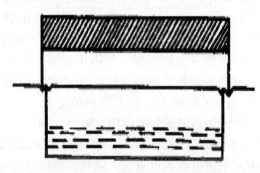

附图 3-9 平皿法

（3）硫乙醇酸钠法：硫乙醇酸钠（$HSCH_2COONa$）是一种还原剂，加入培养基中，能除去其中的氧，促使厌氧菌生长。其他可用的还原剂包括葡萄糖、维生素C、半胱氨酸等。

①液体培养基法：将细菌接种入含 0.1％硫乙醇酸钠的液体培养基中，37 ℃培养 24～48 h后观察。本培养基中加美蓝液作为氧化还原的指示剂，在无氧条件下，美蓝被还原成无色。

②固体培养基法：常采用特殊构造的 Brewer 培养皿，可使厌氧菌在培养基表面生长而形成孤立的菌落。操作过程是先将 Brewer 皿干热灭菌，将融化且冷却至 50 ℃ 左右的硫乙醇酸钠固体培养基倾入皿内。待琼脂冷凝后，将厌氧菌接种于培养基的中央

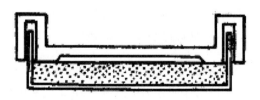

附图 3-10　固体培养基法

部分。盖上皿盖，使皿盖内缘与培养基外围部分相互紧密接触（附图3-10）。此时皿盖与培养基中央部分留在空隙间的少量氧气可被培养基中的硫乙醇酸钠还原，故美蓝应逐渐褪色；而外缘部分，因与大气相通，故仍呈蓝色。将 Brewer 培养皿置于 37 ℃恒温箱内，经过 24～48 h后观察。

3. 物理学方法　利用加热、密封、抽气等物理学方法，以驱除或隔绝环境及培养基中的氧气，使其处于低氧甚至无氧状态，有利于厌氧菌的生长发育。

（1）厌氧罐法：常用的厌氧罐有 Brewer 罐、Broen 罐和 Mclntosh-Fildes 二氏罐（附图 3-11）。将接种好的厌氧菌培养皿依次放于厌氧罐中，先抽去部分空气，代以氢气，使罐内气压等于大气压。通电，罐中残存的氧与氢经铂或钯的催化而化合成水，使罐内氧气全部消失。将整个厌氧罐放入孵育箱培养。本法适用于厌氧菌的大量培养。

（2）真空干燥器法：将欲培养的平皿或试管放入真空干燥器中，开动抽气机，抽至高度真空后，替代以氢、氮或二氧化碳气体。将整个干燥器放进孵育箱培养。

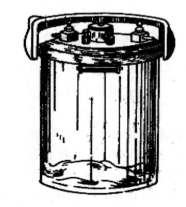

附图 3-11　Mclntosh-Fildes 二氏罐

（3）高层琼脂法：加热融化高层琼脂，冷至 45 ℃左右接种厌氧菌，迅速混合均匀。冷凝后 37 ℃培养，厌氧菌在近管底处生长。

（4）加热密封法：将液体培养基放在阿诺蒸锅内加热 10 min，驱除溶解于液体中的空气，取出，迅速置于冷水中冷却。接种厌氧菌后，在培养基液面覆盖一层约 0.5 cm 的无菌凡士林石蜡，置 37 ℃培养。此外，尚有摇振培养法。

（5）二氧化碳培养法：少数细菌如布氏杆菌（牛型）等，孵育时，需添加5％～10％二氧化碳，方能使之生长繁殖旺盛。常用的方法是置于 CO_2 培养箱中进行培养。最简单的二氧化碳培养法是在盛放培养物的有盖玻璃缸内，点燃蜡烛，当火焰熄灭时，该缸的大气中，就增加了 5％～10％的二氧化碳。也可用化学物质作用后生成二氧化碳，如碳酸氢钠与硫酸作用即可生成二氧化碳。若各用 0.4％$NaHCO_3$ 与 30％H_2SO_4 1 mL，则可产生 22.4 cm^3 的二氧化碳。

附录四　用于肠道菌的特殊培养基

（一）亚硒酸盐亮绿增菌液

基础液：蛋白胨 5 g，胆酸钠 1 g，酵母膏 5 g，甘露醇 5 g，亚硒酸氢钠 4 g，水 900 mL。将前 4 种成分加入水中煮沸 5 min，待冷加入亚硒酸氢钠。在 20 ℃调 pH 至 7.0±0.1，储于 4 ℃暗处备用，1 周内用完。

缓冲溶液：以甲液 2 份和乙液 3 份混合即成。甲液：磷酸二氢钾 34 g，水 1 000 mL。乙液：磷酸氢二钾 43.6 g，水 1 000 mL。此液在 20 ℃时其 pH 应为 7.0±2.0。

亮绿溶液：亮绿 0.5 g，水 100 mL。将亮绿溶于水中，置于暗处不少于 1 d，使其自行灭菌。

完全培养基：基础液 900 mL，亮绿溶液 1 mL，缓冲液 100 mL。将缓冲液加入基础液内，加热至 80 ℃，冷却后加亮绿溶液。分装入试管，每管 10 mL，制备后应于 1 d 内使用。

（二）四磺酸钠增菌液

基础液：牛肉浸膏 5 g，碳酸钙 4.5 g，蛋白胨 10 g，氯化钠 3 g，水 1 000 mL。以上各成分置水浴中煮沸，使可溶者全部溶解（因碳酸钙基本上不溶）。调 pH，使灭菌后（121 ℃灭菌 20 min）在 20 ℃时 pH 为 7.0±0.1。

硫代硫酸钠溶液：硫代硫酸钠（$NaS_2O_3 \cdot 5H_2O$）50 g，水加至 100 mL。将硫代硫酸钠溶于部分水中，最后加水至总量。在 121 ℃中灭菌 20 min。

碘溶液：碘片 20 g，碘化钾 25 g，水 100 mL。配制时使碘化钾溶于最小量水中后，再投入碘片，摇振至全部溶解，加水至规定量。储于棕色瓶内塞紧瓶塞保存。

亮绿溶液：见亚硒酸盐亮绿增菌液。

牛胆溶液：干燥牛胆 10 g，水 100 mL。将干燥牛胆置入水中煮沸溶解，在 121 ℃中灭菌 20 min。

完全培养基：基础液 900 mL，亮绿溶液 2 mL，硫代硫酸钠溶液 100 mL，牛胆溶液 50 mL，碘溶液 20 mL。以无菌条件将各种成分依照上列顺序加入于基础液内。每加入一种成分后充分摇匀。无菌分装试管，每管 10 mL，储于 4 ℃暗处备用。配好培养基须 1 周内使用。

（三）麦康凯琼脂

蛋白胨 2 g，琼脂 2.5~3 g，氯化钠 0.5 g，乳糖（CP）1 g，胆盐（3 号胆盐或胆酸钠）0.5 g，1%中性红水溶液 0.5 mL，水 1 000 mL。除中性红水溶液外，将其余各成分混合于锅内加热溶解，调整 pH 至 7.0~7.2，煮沸，以脱脂棉过滤（冬季需用保温漏斗过滤）。加入 1％中性红水溶液，摇匀，121 ℃灭菌 15 min，待冷至 50 ℃时，倾成平板。等平板内培养基充分凝固后，置温箱内烘干表面水分。

（四）SS 琼脂

蛋白胨 5 g，牛肉膏 5 g，乳糖 10 g，琼脂 25～30 g，胆盐 10 g，0.5％中性红水溶液 4.5 mL，枸橼酸钠 10～14 g，0.1％亮绿溶液 0.33 mL，硫代硫酸钠 8.5 g，蒸馏水 1 000 mL，枸橼酸铁 0.5 g。除中性红水溶液与亮绿溶液外，其余各成分混合，煮沸溶解，调整 pH 至 7.0～7.2，加入中性红水溶液和亮绿溶液，充分混匀再加热煮沸，待冷至 45 ℃左右，制成平板。此培养基不能经受高压。制备好的培养基应在 2～3 d 内使用，否则影响分离效果。亮绿溶液配好后储于暗处，于 1 周内用完。

（五）三糖铁琼脂

牛肉浸膏 3 g，蛋白胨 20 g，枸橼酸铁 0.3 g，乳糖 10 g，蔗糖 10 g，酵母膏 3 g，葡萄糖 1 g，氯化钠 5 g，硫代硫酸钠 0.3 g，琼脂 12 g，0.4％酚红水溶液 6.3 mL，水 1 000 mL。以上各成分置入水中煮沸溶解，调 pH 至 7.4，分装于直径 15 mm 的试管，每管 10 mL，在 121 ℃环境中灭菌 10 min 后，趁热做成底层部分约 2.5 cm 的高层斜面培养基。

附录五　常用染色液的配制

（一）染料饱和乙醇溶液的配制

配制染色液常先将染料配成可长期保存的饱和乙醇溶液，用时再予以稀释。配制饱和乙醇溶液，应先用少量95％乙醇与染料在研钵中徐徐研磨，使染料充分溶解，再按其溶解度加于95％乙醇之中，储存于棕色瓶中即可（附表5-1）。

附表 5-1　几种常用染料在 95％乙醇中的溶解度（26 ℃）

染料名称	美蓝	结晶紫	龙胆紫	碱性复红	沙黄
溶于 100 mL 95％乙醇中的质量/g	1.48	13.87	10.00	3.20	3.41

（二）常用染色液的配制

（1）碱性美蓝（也称骆氏美蓝）染色液：取美蓝饱和乙醇溶液 30 mL，加入 0.01％氢氧化钾水溶液 100 mL，混合即成。此染色液在密闭条件下可保存多年。若将其在瓶中储至半满，松塞棉塞，每日拔塞摇振数分钟，并不时加水补充失去的水分，约 1 年后可获得多色性，成为多色性美蓝染色液。

（2）草酸铵结晶紫（也称赫克结晶紫）染色液：取结晶紫饱和乙醇溶液 2 mL，加蒸馏水 18 mL 稀释 10 倍，再加入 1％草酸铵水溶液 80 mL，混合过滤即成。

（3）革兰碘溶液：将碘化钾 2 g 置研钵中，加蒸馏水约 5 mL，再加入碘片 1 g，予以研磨，并徐徐加水，至完全溶解后，注入瓶中，加蒸馏水至 300 mL 即成。此液可保存半年以上，当产生沉淀或褪色后即不能再用。

（4）沙黄水溶液：沙黄也称番红花红。将沙黄饱和乙醇溶液以蒸馏水稀释 10 倍即成。此液保存期以不超过 4 个月为宜。

（5）苯酚复红染色液：取 3％复红乙醇溶液 10 mL，加入 5％苯酚水溶液 90 mL 混合过滤即成。

（6）稀释苯酚复红染色液：将苯酚复红染色液以蒸馏水稀释 10 倍即成。

（7）3％盐酸乙醇（也称含酸乙醇）：加浓盐酸 3 mL 于 97 mL 95％乙醇中即成。

（8）瑞氏染色液：取瑞氏染料 0.1 g 置研钵中，徐徐加入甲醇，研磨以促其溶解。将溶液倾入有色中性玻璃瓶中，并数次以甲醇洗涤研钵，也倾入瓶内，最后使总量为 60 mL 即可。将此瓶置暗处过夜，次日过滤即成。此染色液须置于暗处，其保存期为数月。

（9）吉姆萨染色液：取吉姆萨染料 0.6 g 加于甘油 50 mL 中，置 55～60 ℃水浴中

1.5～2 h后，加入甲醇 50 mL，静置 1 d 以上，过滤即成吉姆萨染色液原液。

临染色前，于每毫升蒸馏水中加入上述原液 1 滴，即成吉姆萨染色液。应当注意，所用蒸馏水必须为中性或微碱性，若蒸馏水偏酸，可于每 10 mL 左右蒸馏水中加入 1% 碳酸钾溶液 1 滴，使其变成微碱性。

附录六 特殊染色法

（一）荚膜染色法

（1）美蓝染色法：带负电荷的菌体与带正电荷的碱性染料结合成蓝色，而荚膜因不易着色而染成淡红色。抹片自然干燥，甲醇固定，以久储的多色性美蓝液做简单染色，荚膜呈淡红色，菌体呈蓝色。本方法中多色性美蓝可由碱性美蓝（也称骆氏美蓝）制备得到。

（2）瑞氏染色法或吉姆萨染色法：抹片自然干燥，甲醇固定，以瑞氏染色液或吉姆萨染色液染色，荚膜呈淡紫色，菌体呈蓝色。

（3）节氏（Jasmin）荚膜染色法：取 9 mL 含有 0.5% 苯酚的生理盐水，加入 1 mL 无菌血清（各种动物的血清均可）混合后成为涂片稀释液。取此液一接种环置于载玻片上，再以接种环取细菌少许，均匀混悬其中，涂成薄层，任其自然干燥，在火焰上微微加热固定，然后置甲醇中处理，并立即取出，在火焰上烧去甲醇。以革兰染色液中的草酸铵结晶紫染色液染色 0.5 min，干燥后镜检。可见背景淡紫色，菌体深紫色，荚膜无色。

（二）鞭毛染色法

（1）莱氏（Leifson）鞭毛荚膜染色法：鞭毛一般宽 0.01～0.05 μm，在普通光学显微镜下不可见，用特殊染色法在染料中加入明矾与鞣酸作媒染剂，让染料沉着于鞭毛上，使鞭毛增粗则容易观察，染色时间越长，鞭毛越粗。

染色液：

钾明矾或明矾的饱和水溶液	20 mL
20%鞣酸水溶液	10 mL
蒸馏水	10 mL
95%乙醇	15 mL
碱性复红饱和乙醇溶液	3 mL

依上列次序将各液混合，置于紧塞玻瓶中，其保存期为 1 周。

复染剂：

含染料 90%的美蓝	0.1 g
硼砂	1.0 g
蒸馏水	100 mL

染色法：滴染色液于自然干燥的抹片上，在温暖处染色 10 min，若不做荚膜染色，即可水洗，自然干燥后镜检。可见鞭毛呈红色。若做荚膜染色，可再滴加复染剂于抹片上，再染色 5～10 min，水洗，任其干燥后镜检。可见荚膜呈红色，菌体呈蓝色。

（2）刘荣标鞭毛染色法：

染色液：

溶液一：

  5％苯酚溶液   10 mL

  鞣酸粉末   2 g

  饱和钾明矾水溶液   10 mL

溶液二：饱和结晶紫或龙胆紫乙醇溶液。

用时取溶液一 10 份和溶液二 1 份混匀，此混合液能在冰箱中保存 7 个月以上。

染色法：取幼龄培养物制成抹片，干燥及固定后以溶液一和溶液二的混合液在室温中染色 2～3 min，水洗，干燥后镜检。可见菌体和鞭毛均呈紫色。

（3）卡-吉二氏（Casares-Cill）鞭毛染色法：

媒染剂：

  鞣酸   10 g

  氯化铅（$PbCl_2$）   18 g

  氯化锌（$ZnCl_2$）   10 g

  盐酸玫瑰色素或碱性复红   1.5 g

  60％乙醇   40 mL

先取 60％乙醇 10 mL 于研钵中，再依上列次序将各物置研钵中研磨以加速其溶解，然后徐徐加入剩余的乙醇。此溶液可在室温中保存数年。

染色法：制片自然干燥后，将上述媒染剂做 1：4 稀释，用滤纸过滤后滴于片上染色 2 min。水洗后加苯酚复红染色 5 min，水洗，自然干燥，镜检。可见菌体与鞭毛均呈红色。此法染假单胞菌效果更好。

（三）芽孢染色法

（1）复红美蓝染色法：细菌的芽孢外面有较厚的芽孢膜，能防止一般染料渗入，如用碱性复红、美蓝等做简单染色，芽孢不易着色。采用对芽孢膜有强力作用的化学媒染剂如苯酚复红进行加温染色，芽孢着色牢固，且一旦着色，用酸类溶液处理也难使之脱色，因此再用碱性美蓝溶液复染，只能使菌体着色。

抹片经火焰固定后，滴加苯酚复红液于片上，加热至产生蒸汽，经 2～3 min，水洗。以 5％醋酸脱色至淡红色，水洗。以骆氏美蓝液复染 0.5 min，水洗。吸干或烘干，镜检。可见菌体呈蓝色，芽孢呈红色。

（2）孔雀绿-沙黄染色法：抹片经火焰固定后滴加 5％孔雀绿水溶液于其上，加热 30～60 s，使其产生蒸汽 3～4 次。水洗 0.5 min，以 0.5％沙黄水溶液复染 0.5 min。水洗，吸干后镜检。可见菌体呈红色，芽孢呈绿色。此染色法中所用玻片最好先以酸液处理，可防绿色褪去。

（四）异染颗粒染色法

异染颗粒的主要成分是核糖核酸和多偏磷酸盐，嗜碱性强，故用特殊染色法可染成与细菌其他部分不同的颜色。

（1）美蓝染色法：抹片在火焰中固定后，以多色性美蓝染色 0.5 min，水洗，吸干，镜检。可见菌体呈深蓝色，异染颗粒呈淡红色。

（2）亚氏（Albert）染色法：抹片在火焰中固定后，以亚氏染色液染色 5 min，水洗后再以碘溶液染色 1 min，水洗，吸干，镜检。可见菌体呈绿色，异染颗粒呈黑色。

亚氏染色液和碘溶液的成分如下：

染色液：

甲苯胺蓝	0.15 g
孔雀绿	0.20 g
冰醋酸	1 mL
95％乙醇	2 mL
蒸馏水	100 mL

碘溶液：

碘片	2 g
碘化钾	3 g
蒸馏水	300 mL

将碘片和碘化钾在研钵中研磨，先加 40～50 mL 蒸馏水，使其充分溶解，然后再加足量蒸馏水。